JRP|Ringier
tranzit.org

~~multi-purpose lathe~~,
~~multi-purpose lathe~~,
~~multi-purpose lathe~~,
~~multi-purpose lathe~~,
~~multi-purpose lathe~~,
~~multi-purpose lathe~~,
~~multi-purpose lathe~~,
~~multi-purpose lathe~~,
~~multi-purpose lathe~~,
~~multi-purpose lathe~~,
~~multi-purpose lathe~~,
multi-purpose lathe,
multi-purpose lathe,
multi-purpose lathe,
multi-purpose lathe,
multi-purpose lathe,
multi-purpose lathe,
multi-purpose lathe,
multi-purpose lathe,
multi-purpose lathe,
multi-purpose lathe,
multi-purpose lathe,
multi-purpose lathe,

automatic lathes,
automatic lathes,
automatic lathes,

~~vertical lathe~~,
~~vertical lathe~~,

~~horizontal boring~~
~~and milling machine~~,
~~horizontal boring~~
~~and milling machine~~,
~~horizontal boring~~
~~and milling machine~~,
~~horizontal boring~~
~~and milling machine~~,
horizontal boring
and milling machine,
horizontal boring
and milling machine,

~~milling machine~~,
~~milling machine~~,
~~milling machine~~,
milling machine,
milling machine,
milling machine,
milling machine,

~~drill~~,
~~drill~~,
~~drill~~,
~~drill~~,
~~drill~~,
drill,
drill,
drill,
drill,
drill,
drill,
drill,
drill,
drill,
drill,
drill,
drill,
drill,

~~multifunctional tool~~
~~grinding machine~~,
~~multifunctional tool~~
~~grinding machine~~,
~~multifunctional tool~~
~~grinding machine~~,
multifunctional tool
grinding machine,
multifunctional tool
grinding machine,
multifunctional tool
grinding machine,
multifunctional tool
grinding machine,
multifunctional tool
grinding machine,
multifunctional tool
grinding machine,
multifunctional tool

~~univerzální soustruh~~,
~~univerzální soustruh~~,
~~univerzální soustruh~~,
~~univerzální soustruh~~,
~~univerzální soustruh~~,
~~univerzální soustruh~~,
~~univerzální soustruh~~,
~~univerzální soustruh~~,
~~univerzální soustruh~~,
~~univerzální soustruh~~,
~~univerzální soustruh~~,
univerzální soustruh,
univerzální soustruh,
univerzální soustruh,
univerzální soustruh,
univerzální soustruh,
univerzální soustruh,
univerzální soustruh,
univerzální soustruh,
univerzální soustruh,
univerzální soustruh,
univerzální soustruh,
univerzální soustruh,

automatický soustruh,
automatický soustruh,
automatický soustruh,

~~karusel~~,
~~karusel~~,

~~vodorovná vyvrtávačka~~,
~~vodorovná vyvrtávačka~~,
~~vodorovná vyvrtávačka~~,
~~vodorovná vyvrtávačka~~,
vodorovná vyvrtávačka,
vodorovná vyvrtávačka,

~~frézka~~,
~~frézka~~,
~~frézka~~,
frézka,
frézka,
frézka,
frézka,

~~vrtačka~~,
~~vrtačka~~,
~~vrtačka~~,
~~vrtačka~~,
~~vrtačka~~,
vrtačka,
vrtačka,
vrtačka,
vrtačka,
vrtačka,
vrtačka,
vrtačka,
vrtačka,
vrtačka,
vrtačka,
vrtačka,
vrtačka,
vrtačka,

~~multifunkční nástrojová bruska~~,
~~multifunkční nástrojová bruska~~,
~~multifunkční nástrojová bruska~~,
multifunkční nástrojová bruska,
multifunkční nástrojová bruska,
multifunkční nástrojová bruska,
multifunkční nástrojová bruska,
multifunkční nástrojová bruska,
multifunkční nástrojová bruska,
multifunkční nástrojová bruska,
multifunkční nástrojová bruska,
multifunkční nástrojová bruska,
multifunkční nástrojová bruska,
multifunkční nástrojová bruska,

srovnávačka,
srovnávačka,

nožíky na stříhání plechu,
nožíky na stříhání plechu,
nožíky na stříhání plechu,

~~lis~~,
lis,
lis,
lis,

grinding machine,
multifunctional tool
grinding machine,
multifunctional tool
grinding machine,
multifunctional tool
grinding machine,
multifunctional tool
grinding machine,

planer,
planer,

sheet metal cutters,
sheet metal cutters,
sheet metal cutters,

~~press~~,
press,
press,
press,
press,

metal saw,
metal saw,
metal saw,
metal saw,
metal saw,

edging machine,

~~sheet metal roller~~,
sheet metal roller,
sheet metal roller,

~~sheet metal bending machine~~,
sheet metal bending machine,

air-blast machine,

automatic welding machine,

point welding machine,

~~flame cutting machine~~,

forging press,

drop hammer,

hardening furnace,
hardening furnace,

woodworking machine,
woodworking machine,
woodworking machine,
woodworking machine,
woodworking machine.

lis,

pila na železo,
pila na železo,
pila na železo,
pila na železo,
pila na železo,

ohraňovačka,

~~válec na skružování plechu~~,
válec na skružování plechu,
válec na skružování plechu,

~~zakružovačka plechu~~,
zakružovačka plechu,

tryskací stroj,

svářecí automat,

bodová svářečka,

~~pálicí stroj~~,

kovářský lis,

buchar,

kalicí pec,
kalicí pec,

dřevoobráběcí stroj,
dřevoobráběcí stroj,
dřevoobráběcí stroj,
dřevoobráběcí stroj,
dřevoobráběcí stroj.

The Forsyte Saga

The possessive instinct **never** stands still. Through **florescence** and feud, frosts and fires, it has followed the laws of progression…

Sága rodu Forsytů

Majetnický instinkt

nikdy

nesetrvává v klidu

V rozkvětu

i sváru,

v mrazech

i ohních

podléhá

zákonům vývoje...

Jiří Skála

One Family of Objects

Jedna skupina předmětů

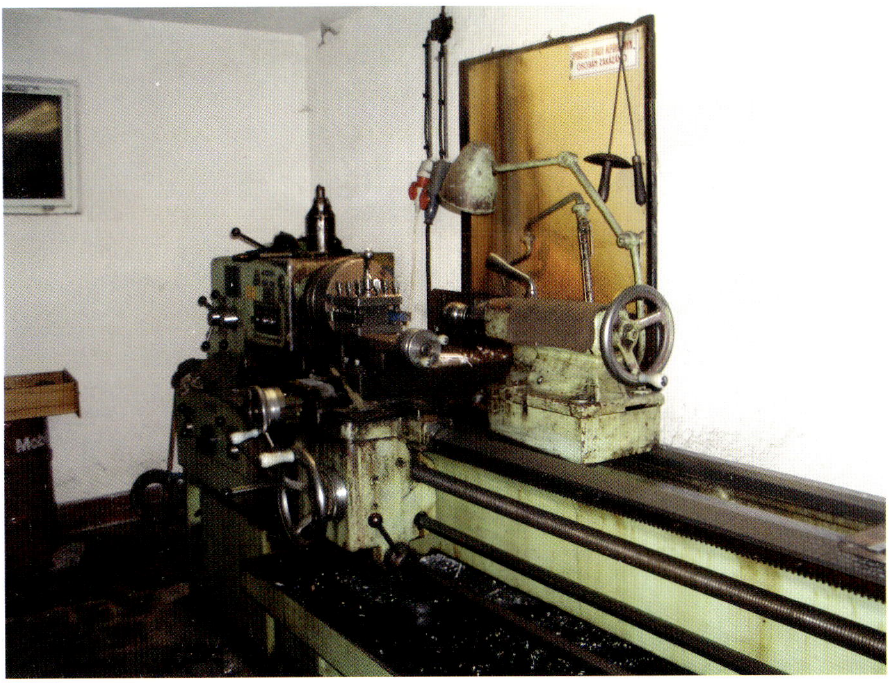

1

Most machines used to process materials (such as metal, wood, glass, plastic or ceramics), in both the light and heavy industries, can be divided into two categories according to the operations they perform: cutting or forming. The dominant characteristic of the first group is that chippings or shavings (also known as swarf) are produced during the operation of the machines. Sections of the workpiece are removed using a tool (such as a saw blade, a drill bit, a tool bit, a milling cutter) to achieve the desired shape. Machines in this group typically include lathes, milling machines, vertical lathes, drills, horizontal drills, etc. The second group is represented by equipment such as presses, drop hammers, rolling mills, brake presses, etc. With these machines the resultant shape is achieved through the application of regular blows or steady pressure.

April the thirteenth, two thousand and six. The attic of the Czech Cultural Center in Bucharest. I'm lying in bed reading a book of essays on industrial design. Design: Current, or Eternal? An Anthology of Texts on the Theory and History of Design, published by the Academy of Arts, Architecture and Design in Prague less than a year ago. To be more specific, I'm actually reading a short text by Umberto Eco entitled "Two Families of Objects". I feel stunned, it's blown me away with its clear, open declaration. I read some of the sentences over and over… fascinated. Once, twice, three times… and a fourth time. Especially the final few sentences: "In reality, the visitor has not chosen; he has only accepted his role as consumer of consumer goods since he cannot be a proprietor of means of production. But he is content. Tomorrow he will work harder in order to be able to buy, one day, an easy chair and a refrigerator. He will work at the lathe, which is not his, because he doesn't want it."

Using various circumstantial indications, I put the essay into context—published in 1970, it was Eco's reaction to the commercial trade fair taking place in Milan at the time; in it he basically divided the exhibited objects into two categories: "The first are the beautiful objects, desirable, fairly accessible. These include easy chairs, lamps, sausages, liquors, motorboats, swimming pools. The visitor loves them and would like to own them. He cannot perhaps own a motorboat, but he thinks of the remote possibility—one day, who knows?" Besides these, "another type of objects exists. They are ugly because they are cranes, cement mixers, lathes, excavators, hydraulic presses (actually, they are very beautiful, more so than the first but the visitor doesn't know this). Since they are ugly and cumbersome, they are undesirable, also because they seem strangely defunctionalized, with their wheels spinning pointlessly, their blades striking the air without slicing anything…"

Většinu strojů používaných v lehkém a těžkém průmyslu k opracování materiálů (jako kov, dřevo, sklo, umělé hmoty a keramika) lze rozdělit do dvou skupin: na obráběcí a tvarovací. Dominantním znakem prvního typu je třískové obrábění. Od obrobku se pomocí nástroje (pilový list, vrták, soustružnický nůž, fréza) odebírá část hmoty, čímž se dosahuje požadovaného tvaru. Typickými stroji této skupiny jsou soustruhy, frézky, karusely, vrtačky, vodorovné vyvrtávačky atd. Druhou skupinu reprezentují zařízení jako lisy, buchary, válcovací stolice, ohýbačky atd. U těchto strojů se výsledného tvaru produktu dosahuje vlivem pravidelných úderů nebo rovnoměrným tlakem.

Dva tisíce šest, třináctého dubna. Podkroví českého kulturního centra v Bukurešti.

Ležím v posteli a čtu si knihu esejů o průmyslovém designu <u>Design: aktualita, nebo věčnost? Antologie textů k teorii a dějinám designu</u>, kterou před necelým rokem vydala Vysoká škola umělecko-průmyslová. Přesněji krátký text Umberta Eca „Dvě skupiny předmětů“. Jsem ohromen, zasáhl mě svým jasným, otevřeným prohlášením. Čtu si některé věty znovu a znovu… fascinován. Poprvé, podruhé, potřetí… počtvrté. Především několik posledních vět: „Ve skutečnosti si však návštěvník nevybral. Jelikož nemůže být vlastníkem výrobních prostředků, přijal jen svou úlohu konzumenta spotřebních předmětů. Je ale spokojen. Zítra bude víc pracovat, aby si jednoho dne mohl koupit lenošku a ledničku. Bude pracovat u soustruhu, který mu nepatří, protože (jak mu napověděl veletrh) jej ani nechce.“

Podle jednotlivých indicií si doplňuji kontext eseje – vyšel v roce 1970 a Eco jím reagoval na tehdejší Milánský veletrh; v podstatě v něm rozdělil vystavené předměty na dvě skupiny: „První jsou krásné předměty – žádoucí a přitom nedosažitelné. Patří k nim lenošky, lampy, párky, likéry, motorové čluny a plavecké bazény. Návštěvník je miluje a rád by je vlastnil. Možná si zrovna nemůže koupit motorový člun, ale může přemýšlet o vzdálené možnosti jeho koupě – kdo ví, snad jednoho dne…“ Vedle nich existuje „druhý typ předmětů. Jsou ošklivé, protože k nim patří jeřáby, cementové míchačky, soustruhy, vany na maltu a hydraulické lisy (ony jsou vlastně velmi krásné, dokonce krásnější než první typ předmětů, ale návštěvník veletrhu to neví). Jelikož jsou ošklivé a neskladné, nejsou žádoucí, a to také proto, že se svými bezcílně se točícími koly a s čepelemi sekajícími do prázdna na veletrhu vypadají podivně nefunkčně…“

Měním postupně pozice: leh, sed, vstávám, chodím po místnosti.

Nejsem schopen o textu přemýšlet; irituje mě.

Napadá mě vyfotit si obě strany textu digitálním foto-

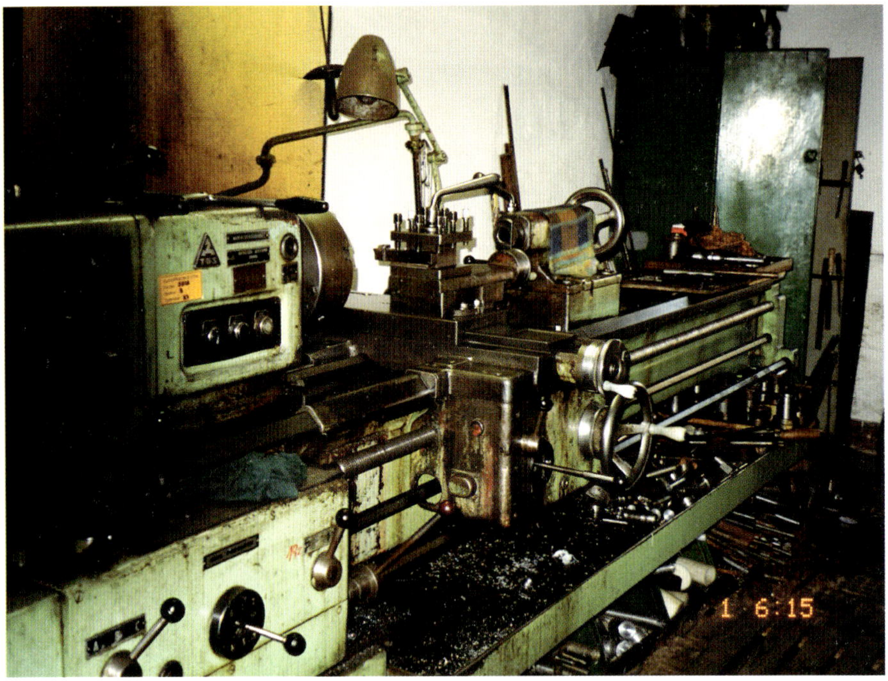

2

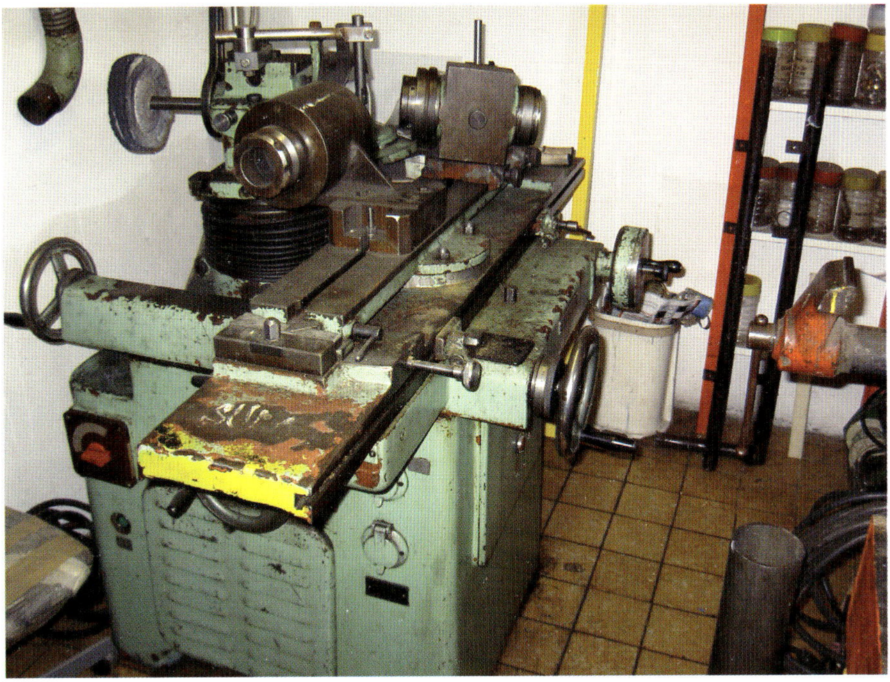

3

I keep changing my position: for a moment I'm lying down, then seated, I stand up, I walk around the room.

I can't think about the text, it irritates me.

I get the idea to photograph both sheets of the text with a digital camera. The book doesn't belong to me and I have no desire to own it except to have this text.

[1] Ever since I was little I was fascinated by stories in which the plots were set inside the Arctic Circle. I liked the idea of endless white expanses that evoked feelings of emptiness and of being lost. When I started to get interested in art, I'd always take a liking to the kind of artists who made me feel the feelings like in those adventure stories that took place in the polar tundra. Like for example the empty spaces of Čestmír Kafka, the minimalist word games of Jiří Valoch, and so on. I tried to do the same in my own work when I started out as an artist.

As I became financially independent and generally self-reliant, another emptiness revealed itself which was different from that affectedly esthetic emptiness, an emotional emptiness that had nothing to do with my previous activities. That made me start thinking about where I'd gone wrong. All my boyhood and adolescence, I had blocked out anything that tied me to my parents' working class status. So that boundless white expanse was just a rendering of the longing that I wanted to make a reality.

November the third, Romania again. This time I'm in Cluj. I'm sitting in a local pub and telling my favorite story.

"I come from Klatovy, a small town in Bohemia, about 40 kilometers from the border with Germany, actually with Bavaria, to be exact. Several years before I moved to Prague I trained to be a machine and tool mechanic, commonly known as a machinist, but that's not really what I wanted to talk about at all. What I wanted to tell you is that the practical sessions took place in the factory where my parents worked—Škoda Klatovy. It went bust several years ago. Just before that happened, my parents bought a metalworking lathe from the factory. It was the same machine that my mom had worked on for more than 20 years and because it was the year of her 50th birthday, the story started going around our family that my dad had given it to her as a present."

I've recounted this family story countless times to many people, in many places. I was surprised by the reaction in Cluj, everyone laughed at first, after a while, however, one of the people there looked at me and said: "You know, man, that's more than just an amusing story… more than just something that for a moment makes you the center of attention…"

---

[1] "Demarcation", Autobiographies, tranzit.cz, Prague 2006, p. 1990.

aparátem. Kniha mi nepatří a pro nic jiného, než abych vlastnil tento text, po ní netoužím. Spojuji obě strany do jednoho obrazu v programu Photoshop.

[1] Odmala mě fascinovala literatura zasazující své příběhy za polární kruh. Líbila se mi představa bílé plochy bez ohraničení, vyvolávající pocit prázdnoty a ztracenosti. Poté, co začal můj zájem o výtvarné umění, oblíbil jsem si vždy takové umělce, z nichž jsem získal stejný pocit jako z dobrodružných příběhů z polárních plání. Například prázdné prostory Čestmíra Kafky, minimalistickou hru s jazykem u Jiřího Valocha atd. O totéž jsem se poté, co jsem začal pracovat jako umělec, snažil i ve své práci.

Spolu s tím, jak jsem se stal finančně nezávislým a zcela se osamostatnil, objevila se ještě jedna prázdnota – odlišná od oné snové pustiny, kterou jsem hledal, a to prázdnota citová, jež neměla nic společného s mým předchozím úsilím. „Kde se stala chyba?" zněla rázem hlavní otázka zaměstnávající moji mysl. Přitom jsem si uvědomil, že jsem celé své dětství a dospívání vymazával vše, co mě spojovalo s dělnictvím mých rodičů. Nekonečná bílá plocha byla snad jen obrazem touhy, kterou jsem chtěl zhmotnit.

Třetího listopadu, Rumunsko. Tentokrát Cluj. Sedím v místní hospodě a vyprávím svůj oblíbený příběh.

„Jsem z Klatov, z malého města v Čechách, vzdáleného asi čtyřicet kilometrů od německých hranic, nebo přesněji od hranic s Bavorskem. Několik let předtím, než jsem se odstěhoval do Prahy, jsem se vyučil na mechanika pro stroje a zařízení, lidově řečeno na zámečníka, ale to vlastně není vůbec to, o čem chci mluvit. Jde o to, že praxe probíhaly v továrně, kde pracovali mí rodiče – ve Škodě Klatovy. Ta před několika lety zkrachovala. Ještě předtím rodiče od továrny odkoupili soustruh. Byl to ten samý stroj, na kterém máma pracovala více než dvacet let, a protože to bylo v roce, kdy slavila padesátiny, začalo se v naší rodině tradovat, že soustruh dostala od mého táty jako dar."

Tuto rodinnou historku jsem vyprávěl nesčetněkrát mnoha lidem, na mnoha místech. V Cluji mě ale překvapila reakce – všichni se nejdříve zasmáli, po chvíli se však jeden z přítomných na mě podíval a řekl: „Člověče, tohle je něco víc než zábavná historka, díky který se můžeš stát na chvíli středem pozornosti…"

[2] „Za vznik dnešní společnosti Škoda Klatovy je považován rok 1854, kdy Leopold Schifauer založil v Klatovech strojnickou dílnu. Kromě běžné zámečnické a mědikovecké práce vyráběla tato dílna hospodářské stroje. Po druhé světové válce (v roce 1958) byl znárodněný závod začleněn do podniku Škody v Plz-

[1] „Vymezení se", Autobiographies, tranzit.cz, Praha 2006, str. 1990.

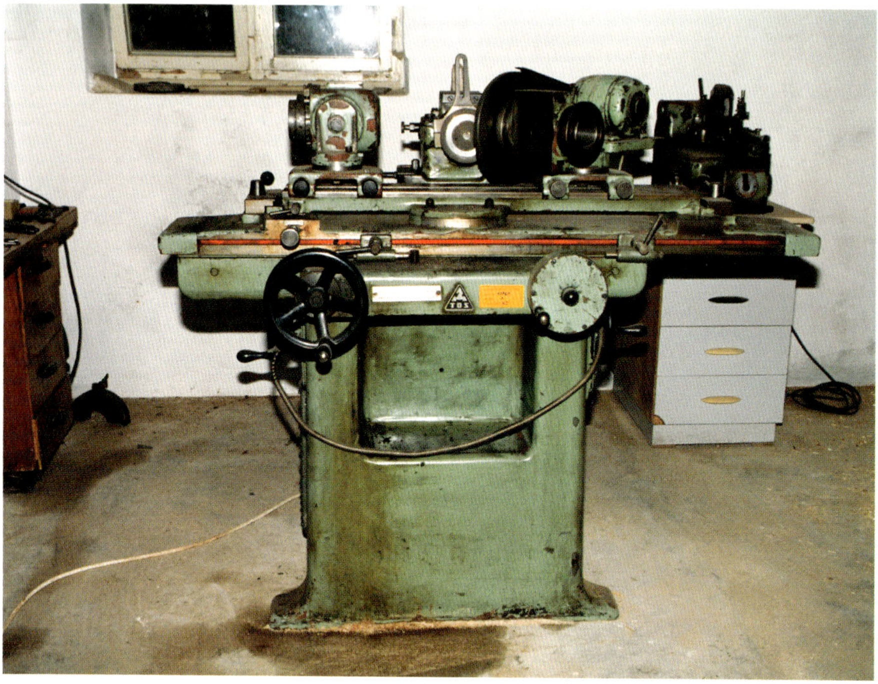

4

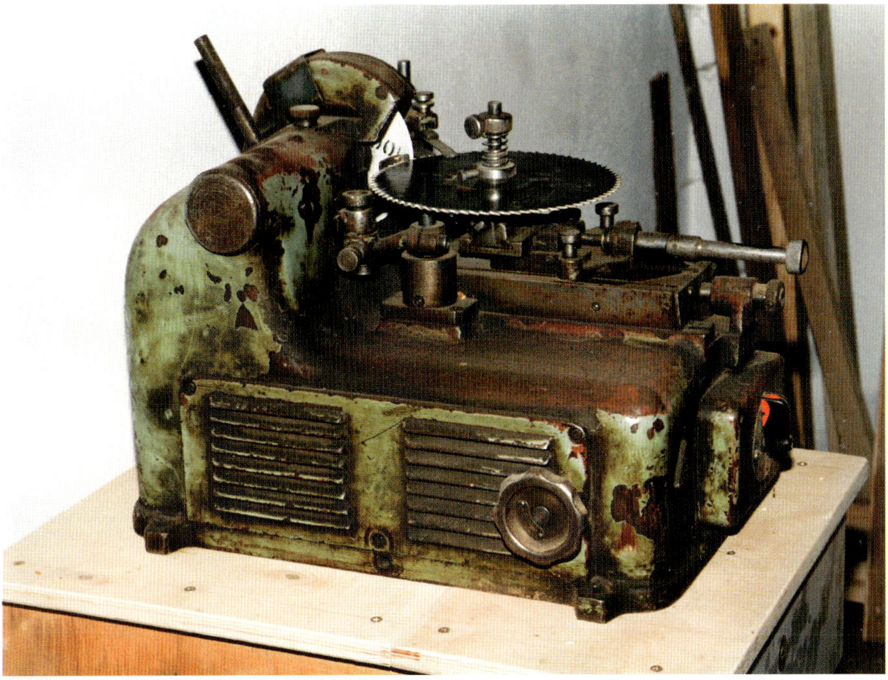

5

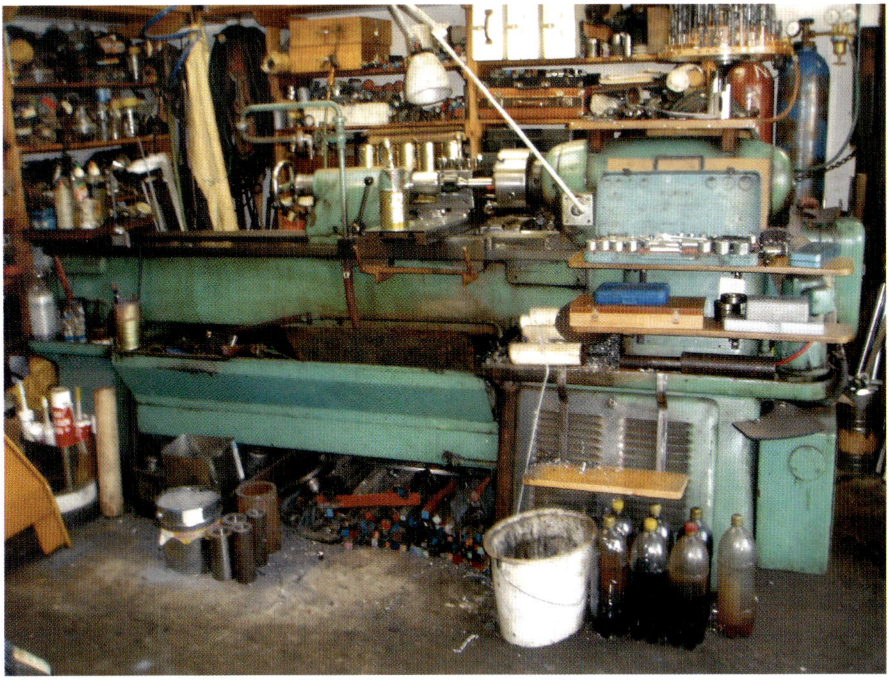

6

[2] "The origins of the company Škoda Klatovy go back to 1854, when Leopold Schifauer set up an engineering workshop in Klatovy. Besides doing standard ironmongery and coppersmith work, it also manufactured industrial machinery. After the Second World War, the nationalized plant was integrated into the Škoda company in Pilsen (1958). Since 1954 it has mainly manufactured furnaces for metallurgy and engineering. Changes after 1989 brought a new name and new legal status for the company—Škoda Klatovy s.r.o. (limited liability company)—as well as the need to focus on Western markets. By using sales representatives and agencies abroad, the company has achieved a strong position on these markets, which is borne out by the fact that it supplies various types of furnaces to different countries, particularly Sweden, Italy, France. Škoda Klatovy is able to meet these complex orders for furnaces using its own assembly capacities. Besides manufacturing furnaces, Škoda Klatovy is also an important engineering company, a holder of European Norms certifications and has for a long time played an important role on domestic and European markets as a subcontractor of construction parts, machinery and equipment tailored to clients' needs."

1 November the twelfth. Čínov, a village near Klatovy. I'm in a farm building, formerly a cowshed. The original space has been divided by a brick partition. I helped build it, several years ago, to accommodate "the machine." It was supposed to divide the room into two halves—fire wood and animal feed would be stored in one half, the other would be reserved for a different kind of activity—intended to be a source of livelihood.

A machine tool stands by the wall, the same metalworking lathe that I told the story about in Romania. It takes up a third of the room, on the right there's a metal cupboard full of tool bits and measuring tools: parallels, micrometers, as well as a compressed air blower for cleaning workpieces and several counters for putting things aside.

My mom, Jiřina Skálová, is here with me to take a photo for me of "the machine," the device that's been a part of her life for a long time. I want to know what kind of a relationship she has with it. I hand her my digital camera and repeat the reason why I've brought her here. She feels nervous, but I can see that at the same time she feels flattered. She looks around the room and then takes a picture of the lathe from a single angle. It's the view of the machine tool as seen by the machinist while operating it.

A lathe is a machine tool designed for the fabrication of regular-shaped objects with symmetry about an axis of rotation, such as shafts, screw threads, etc. The main tool is the tool bit: a small

---

[2] http://vitejte.cz/objekt.php?oid=2358&j=en; The Plzeň Region, Škoda Klatovy s.r.o.; August 30, 2009.

ni. Od roku 1954 jsou hlavním výrobním programem firmy pece pro hutnictví a strojírenství. Změny po roce 1989 přinesly firmě nový název a právní subjektivitu – Škoda Klatovy, s. r. o. – a vyvolaly nutnost přeorientovat se na západní trhy. S využíváním zahraničních zastoupení se na nich společnost úspěšně prosazuje, což potvrzují dodávky různých typů pecí zejména do Švédska, Itálie, Francie a dalších zemí. Komplexní dodávky pecí si zajišťuje Škoda Klatovy vlastními montážními kapacitami. Kromě výroby pecí působí v současnosti firma Škoda Klatovy jako významná strojírenská společnost, která vlastní certifikace dle evropských norem a dlouhodobě se uplatňuje na tuzemských a evropských trzích jako subdodavatel konstrukcí, strojních dílů a zařízení podle požadavků zákazníků."

1 Dvanáctého listopadu, Čínov. Vesnice nedaleko Klatov.

Jsem v hospodářském stavení. Bývalá maštal. Původní prostor je rozdělen zděnou příčkou. Pomáhal jsem ji stavět. Před několika lety, právě kvůli mašině. Měla rozdělit prostor na dvě části – na místo, kde se bude skladovat dříví na otop a krmení pro dobytek, a prostor, kde bude vykonáván jiný druh činnosti – určený k obživě.

U zdi stojí obráběcí stroj, zabírá třetinu místnosti, je to ten samý soustruh, o kterém jsem vyprávěl v Rumunsku. Napravo je železná skříň plná obráběcích nožů a měřidel. Nalevo zas vzduchový kompresor k čištění obrobků a několik odkládacích pultů.

Moje máma, Jiřina Skálová, je tu se mnou, aby mi vyfotila mašinu, stroj, který ji provázel částí života. Chci vědět, jaký k němu má vztah. Dávám jí do ruky svůj digitální fotoaparát a znovu opakuji, proč jsem ji sem přivedl. Cítí se nervózně, ale zároveň vidím, že jí to lichotí. Prohlíží si místnost, hledá správné místo a následně fotí soustruh z jediného úhlu. Je jím pohled na pracovní část stroje.

Soustruh je obráběcí stroj zkonstruovaný k výrobě pravidelných rotačních tvarů, jako jsou hřídel, šroub atd. Základním nástrojem je soustružnický nůž – keramická nebo ocelová destička uchycená na kovovém hranolu. Soustruh otáčí obráběným materiálem a nůž se vůči němu posouvá dvěma směry, od obvodu do centra rotace a po jeho povrchu. Dochází tak k odebírání vrstvy materiálu.

Po této první fotografii jsem se začal zajímat o skutečné pohnutky, které rodiče vedly ke koupi soustruhu. Zpočátku je zarážel můj nečekaný zájem, ale nakonec se rozpovídali a já si začal skládat přibližný obrázek. Když jsem šest let před tím otci pomáhal přepažit zděnou příčkou prostor bývalé maštale na dvě části, byla to pro mě pouze práce, výpomoc rodičům, splátka

[2] http://vitejte.cz/objekt.php?oid=2358&j=cz; Plzeňsko, Výrobní, stavební a obchodní firmy; 30. srpna 2009.

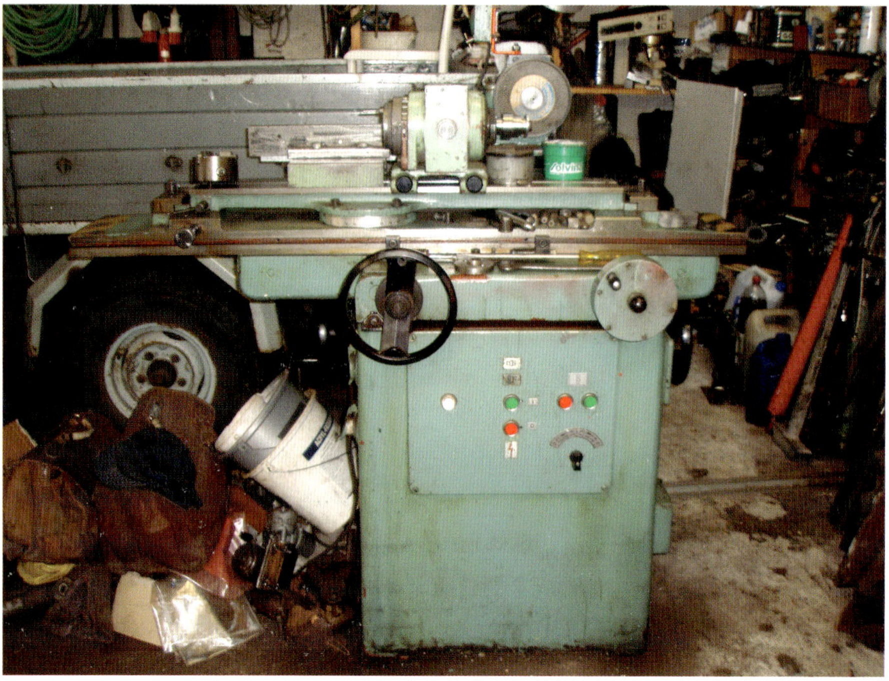

7

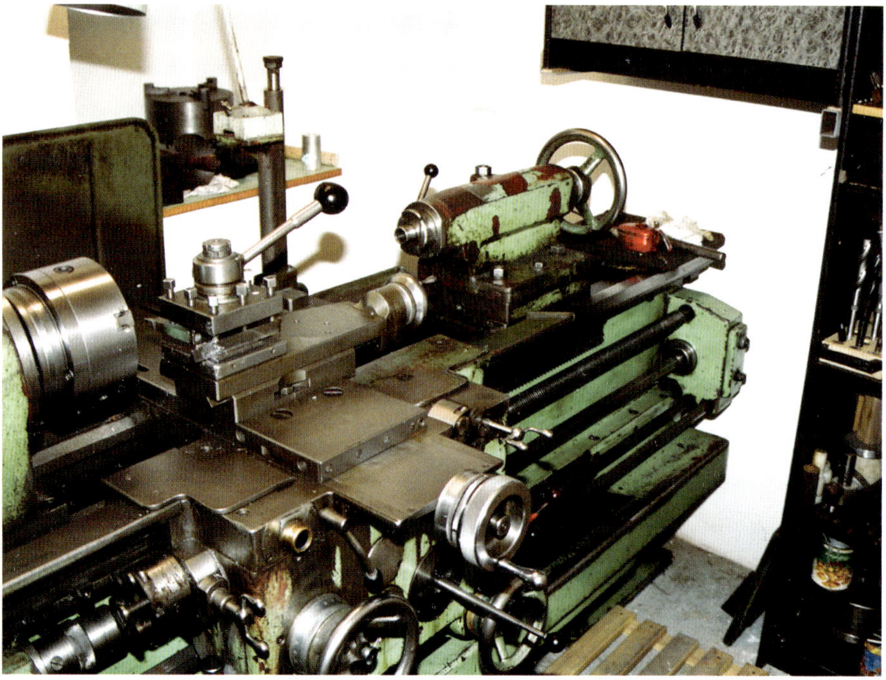

8

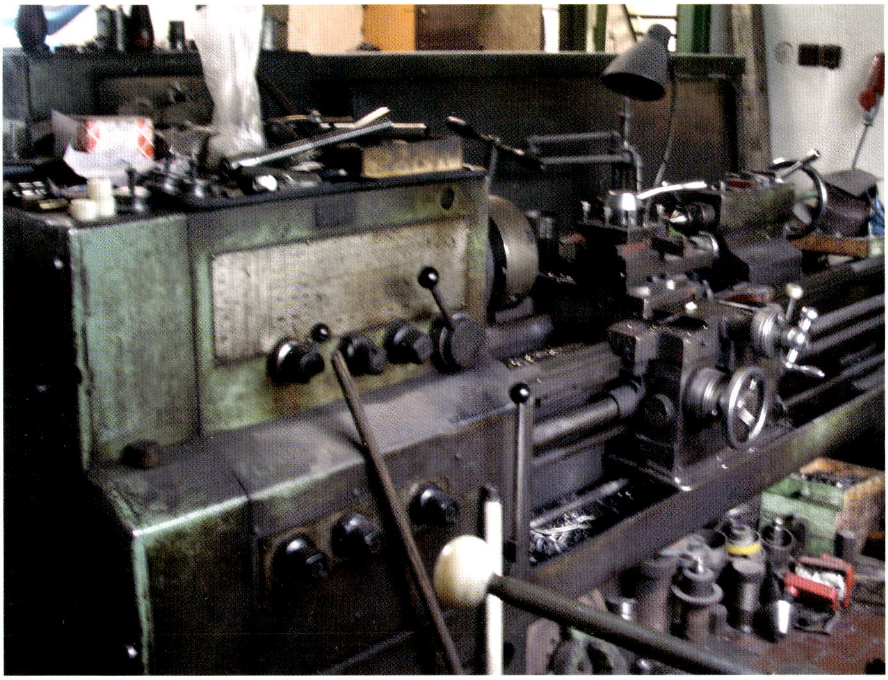

9

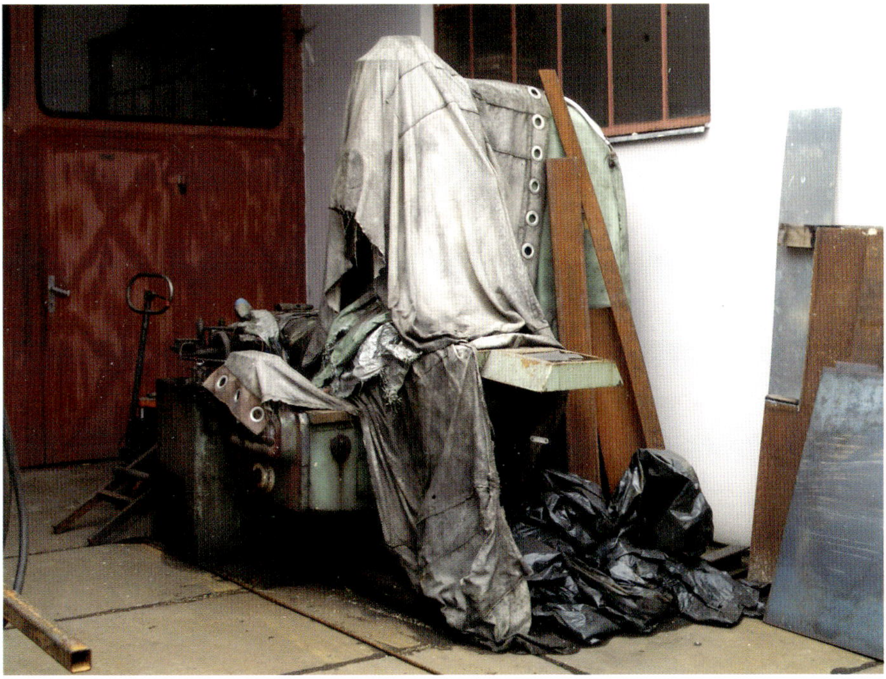

10

ceramic or steel plate held by a prism-shaped metal toolholder. The lathe spins the workpiece and the cutting tool is traversed along two axes of motion, from the perimeter to the center of rotation and over its surface. This removes layers of material from it.

After this second photograph, I became interested in the real reasons behind buying the lathe. Initially my sudden interest took my parents by surprise, but in the end they opened up and started talking, and I began to put together an approximate picture of why they'd actually bought it. Six years before, I'd helped my father divide the space of the old cowshed into two parts with a walled partition. Back then it meant no more to me than work, helping out my parents, paying off my dues as a son. I didn't think about the reason in any depth, I just wanted to get it over and done with as soon as possible.

Only now was I ready to really listen to my parents properly. The real motivation behind the purchase was not my father's attempt to surprise my mother, it was actually job insecurity. Since the mid-1990s the factory had been struggling with financial problems and most of its employees had stopped believing that things would change for the better. Those who could, left right at the beginning. They were the most active and able employees. They either got new jobs with companies on the German side of the border, or they set up their own businesses. The less courageous ones were leaving now. For the most part the people that had remained were either not concerned about their future or were afraid of changing jobs. Then there was yet another group: people over 50 who knew they weren't going to find a job as good as the one they already had anywhere in the surrounding area. They would be forced to spend the last few years prior to retirement either doing a second-rate job or being on the "dole," the worse option of the two, because when you lose a job, a bit of your dignity goes with it. And when even your friends and acquaintances stop respecting you, it really doesn't boost your self-esteem.

All of these considerations led my parents to buy one of the lathes which the Škoda factory was putting out of operation. Purchasing the machine would help them face an uncertain future. It would give them the opportunity to make a living doing what they do best: working on a lathe. By coincidence, the factory had decided to sell the lathe my mom had worked on for several decades. Without hesitating they bought the lathe. That was in the first half of 2001.

I couldn't help asking more questions. That was too much for my dad and he protested: there are other people who worked at the factory and purchased the machine they'd been working on for several decades. That was the moment that I was waiting for; it allowed me to view the whole situation with a degree of detachment, viewing my parents' deci-

synovského dluhu. O důvodu jsem nijak nehloubal, jen jsem to chtěl mít co nejdříve z krku.

Teprve teď jsem byl připravený svým rodičům naslouchat. Pravým podnětem ke koupi nebyla snaha mého otce překvapit svou ženu, ale nejistota v zaměstnání. Továrna se od poloviny devadesátých let potýkala s finančními problémy a většina jejích zaměstnanců přestala věřit v obrat k dobrému. Kdo mohl, odešel na začátku. To byli ti nejaktivnější. Buď se uchytili ve firmách v německém pohraničí, nebo začali sami podnikat. Ti méně odvážní odcházeli až teď. Zůstali většinou lidé s nezájmem o svou budoucnost nebo ti, kdo se báli změnit své zaměstnání. Pak zde byla ještě jedna skupina: lidé nad padesát let, kteří věděli, že již stejně kvalitní práci v nejbližším okolí nenajdou. Budou nuceni strávit několik posledních let před důchodem v podřadném zaměstnání nebo na „pracáku", což je ještě o něco horší, protože spolu s prací zmizí kus jejich vlastní důstojnosti.

Všechny tyto úvahy vedly mé rodiče k tomu, zakoupit si jeden ze soustruhů, které Škodovka vyřazovala ze svého strojního vybavení. Odkoupením stroje budou čelit nejisté budoucnosti. Získají tak možnost živit se tím, co umí nejlépe: soustružením. Shodou okolností se továrna rozhodla prodat soustruh, na němž máma pracovala několik desítek let. (Na strojní údržbě – to je ta část továrny, kde se opravují poškozené stroje nebo se na nich v pravidelných cyklech provádí generální údržba.) Neváhali a soustruh koupili. To se stalo v první polovině roku 2001.

Nedalo mi to, ptal jsem se dále. To už otec nevydržel a ohradil se: jsou zde další lidé, kteří pracovali v továrně a koupili si stroj, na němž celou řadu let pracovali. To byl ten moment, na který jsem čekal a který mi dovolil pohlédnout na celou situaci z odstupu a vidět rozhodnutí rodičů v širším kontextu. Rozhodl jsem se navštívit tyto lidi a požádat je o to samé, o co jsem žádal svou mámu – o vyfocení jejich výrobních prostředků.

---

2 Červenec dva tisíce sedm. Dům mých rodičů.

Stojím znovu naproti soustruhu, tentokrát s otcem – se žádostí o fotografii. Jsem zvědavý na výsledek, na fotografie stejného stroje od dvou lidí, které spojuje nejen vztah manželský a rodičovský, ale i pracovní: oba jsou soustružníci. Zpočátku protestuje a snaží se vymluvit, že neumí zacházet s digitálním fotoaparátem. Pro tento případ jsem vybaven, přinesl jsem si rodinný fotoaparát Olympus. Táta ho dostal před několika lety k Vánocům. Vkládám do něj film a podávám mu ho; již zapnutý, stačí zmáčknout spoušť. Stále se mu nechce, nakonec souhlasí a fotí stroj z několika úhlů.

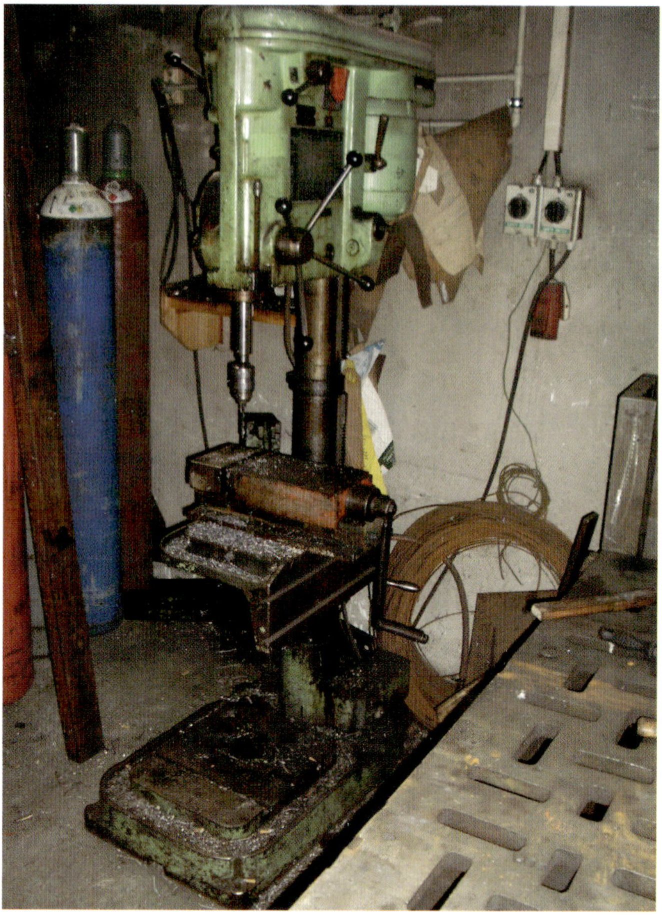

11

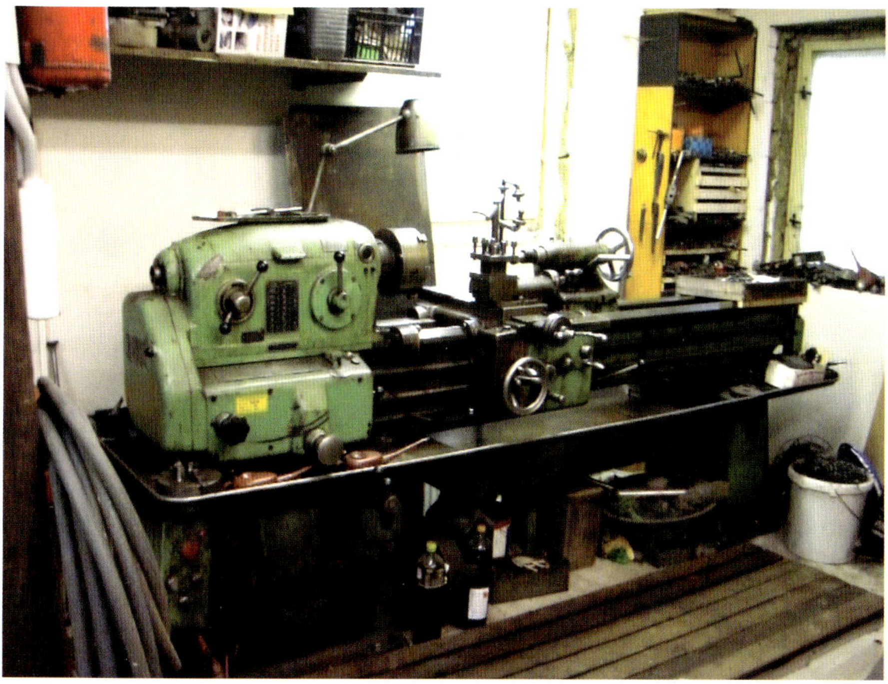

12

sion in a wider context. I decided to visit those people and ask them to do what I had asked my mother—to take photographs of their "means of production."

---

2 July, two thousand and seven. My parents' house. Once again I'm standing opposite the lathe, this time with my father, I've asked him to take a photograph of it. I'm curious about the result, about photographs of the same machine taken by two people coupled not only by the bond of marriage and parenthood, but also by that of work; they are experienced machinists—turning hands. Initially he resists, trying to make excuses to get out of it; he doesn't know how to use a digital camera. I'm ready for this eventuality and have brought the family Olympus. Dad got it for Christmas several years ago. I load film into it and hand it to him; it's already on, all he has to do is press the shutter release. He still doesn't feel like it, but in the end he agrees and photographs the machine from several angles. My father, Jaroslav Skála, worked at the factory from 1960 until 2005. Currently he works with the lathe two hours a day, sometimes more. He fabricates or refits car parts, including those for veteran and vintage cars.

3 July the twelfth. Plánice, a little town 15 kilometers from Klatovy. We're driving into an area of family housing. We get out of the car and head towards a house with an English lawn. Two young women are sunbathing on deck chairs next to a children's paddling pool. We call to them, not sure if we're at the right address. One of them gets up and answers: "Father's home, I'll go get him." After a while a middle-aged man appears. We greet each other; I briefly inform Václav Suda of the reason for our visit. It's the grinding machine that he purchased from Škoda Klatovy two years ago. I ask him to take a picture of it for me. He nods while looking at my father who brought me here. We follow him to the ground floor of the house, the room which he uses as a workshop, but which also serves as the entrance to the garage and an additional access point to the house. The grinding machine is positioned right next to the door; the rest of the room is taken up by several rows of shelving one above the other, full of gear and spare car parts. After a few minutes he comes back and takes a photo of the machine with his digital camera from two angles; both offer a direct view of the section of the machine where operations are performed on the workpiece. Václav Suda worked at Škoda Klatovy from the start of the 1980s until 2005 as a machine fitter and grinder. That same year he purchased a multifunctional tool

Můj otec, Jaroslav Skála, pracoval ve fabrice od roku devatenáct set šedesát do roku dva tisíce pět. Na soustruhu pracuje dvě hodiny denně, někdy i více. Vyrábí nebo repasuje na zakázku součástky do aut a veteránů.

3 Dvacátého července, Plánice. Městečko vzdálené patnáct kilometrů od Klatov.

Vjíždíme do zástavby rodinných domů. Vystupujeme z auta a míříme k domu s anglickým trávníkem. Na lehátkách se opalují dvě mladé ženy, hned vedle dětského bazénu. Voláme na ně, nejsme si jisti adresou. Jedna z nich se zvedne a odpovídá nám: „Táta je doma, zavolám ho." Po chvíli se objevuje muž ve středním věku. Zdravíme se. Ve zkratce seznamuji Václava Sudu s důvodem naší návštěvy. Je jím bruska, kterou si koupil před dvěma lety ze Škody Klatovy. Žádám ho o její fotografii. Přikyvuje a dívá se přitom na otce, který mě přivezl. Následujeme ho do přízemí domu, do místnosti, kterou používá jako dílnu, vstup do garáže a náhradní vchod do domu zároveň. Bruska stojí hned vedle dveří, zbytek místnosti zaplňuje několik řad polic nad sebou, jsou plné nářadí a náhradních dílů k autu. Po několika minutách se vrací a fotí stroj svým digitálním fotoaparátem ze dvou úhlů; s pohledem na jeho pracovní část.

Václav Suda pracoval ve Škodě Klatovy od začátku osmdesátých let do roku dva tisíce pět jako zámečník a brusič. Ve stejném roce si zakoupil multifunkční nástrojovou brusku, pracoval s ní čtyři roky. Dnes ji používá k přivýdělku vedle dalších dvou prací.

Multifunkční nástrojová bruska je obráběcí stroj. Používá se ke zvýšení ostrosti nástrojů, jako jsou soustružnické nože, vrtáky, frézy. Toho se dosahuje pomocí brusného kotouče, který pod určitým úhlem odebírá část materiálu z nástroje a zvyšuje tím jeho ostrost.

4 Ten samý den, Jindřichovice.
5 Vesnice dvacet kilometrů od Klatov.

Z blízkého okolí k nám doléhá monotónní hlas sekačky na trávu. Míříme za jejím zvukem. Mezi ovocnými stromy nacházíme majitele pozemku. Překvapeně se zdraví s rodiči. Také se představuji. Jan Boublík s žádostí souhlasí a nabízí mi možnost nafotit stroje na svůj poloprofesionální fotoaparát. Zádrhel je však v tom, že zrovna nemá žádný svitek filmu. Bude muset fotit obyčejným digitálním fotoaparátem. Říkám mu, že kinofilmy mám s sebou. Je udiven mírou mé připravenost a rychle odchází pro fotoaparát. Stroje jsou v hospodářském stavení za ovocným sadem. Podle kamenných dlaždic a dřevěných trámů hádám, že jde o bývalou stáj, a to velmi starou. Její stáří odhaduji na dvě stě let. Vzdálenější polovina je přestavěna. Všímám si betonové podlahy a čistě omítnutých stěn s novými okny. Prvním strojem

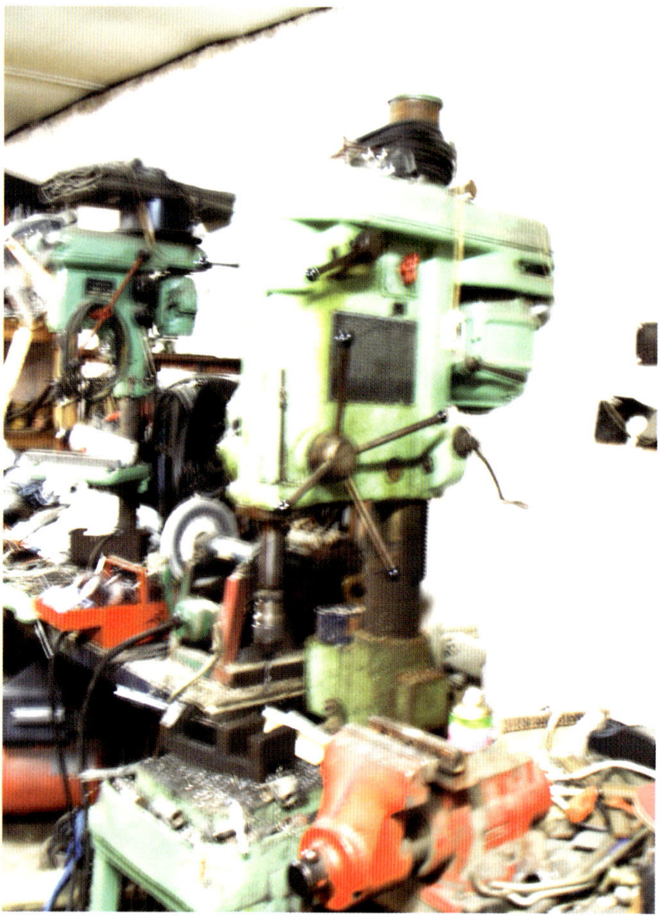

13

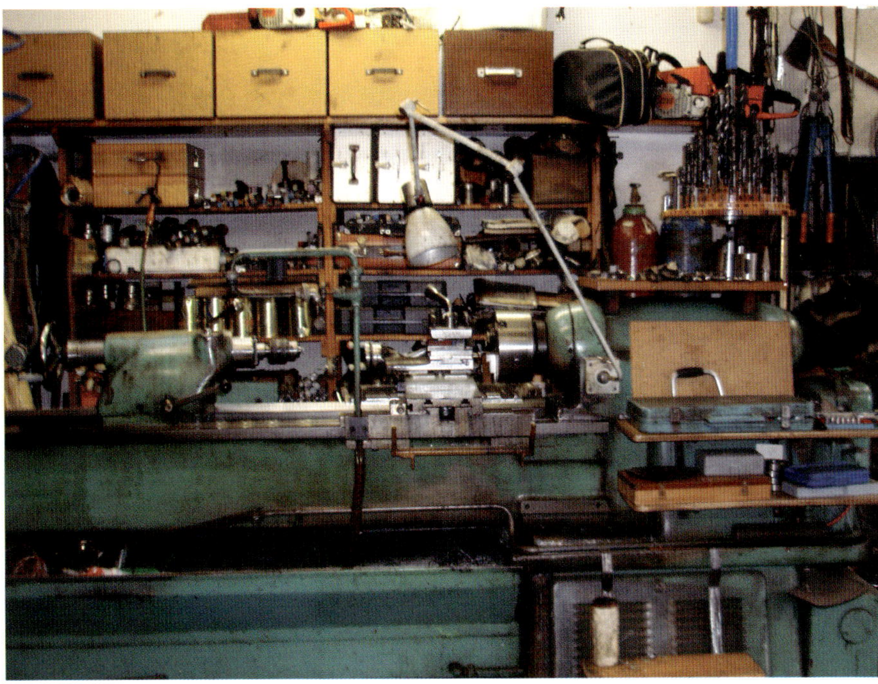

and cutter grinder; he worked on it for four years. Today he uses it to make extra cash while holding down two other jobs.

A multifunctional tool and cutter grinder is a machine tool. It is used to sharpen tools such as cutting tools, tool bits and milling cutters. This is achieved with the aid of a grinding wheel which removes material from the tool at an appropriate angle and thus sharpens it.

4 That same day. Jindřichovice, a village 20 kilometers from
5 Klatovy. The monotone sound of a grass mower reaches our ears from somewhere nearby. We head for the sound. We find the owner of the land amongst his fruit trees. Surprised, he greets my parents. I also introduce myself. Jan Boublík agrees with my request and offers to photograph the machines with his semi-professional camera. The problem is that he's out of film at the moment. He'll have to use a normal compact digital camera. I tell him that I've got film with me. He's surprised by how prepared I am and quickly goes to get his camera. The machines are located in one of the farm buildings behind the orchard. From the stone tiling and wooden panelling, I guess that it was once a stable, a very old one at that; about 200 years old. The half farthest away from us has been reconstructed. I notice the concrete floor and freshly plastered walls with new windows. The first machine is a tool and cutter grinder, the second a grinder for sharpening circular saws. He explains to me that he only set up the machines a few weeks ago. After they had stood there untouched for a couple of years. He tidies up for a moment and looks for the right place to take the pictures from. He uses a flash gun. It all takes about ten minutes. Jan Boublík worked in Škoda Klatovy from 1978 until 2005 as a grinder. In 2004 he purchased a multifunctional tool and cutter grinder from the factory where he'd been employed for 28 years.

6 July the twenty-first. Maloveska, ten kilometers from Klatovy.
7 A building that's half workshop, half garage. There are shelves at different heights along the walls full of the most diverse objects: parts of old cars, motorcycles and other machines, transparent plastic bottles containing various liquids whose names I'm not even going to try to guess. On the right there's a lathe. It stands by the wall and is fully operational. The man we're looking for is working on it at the moment. After several awkward exclamations separated by nervous pauses, he notices us and turns off the machine. His name is Josef Malát. He agrees with my request and promptly starts looking for his camera on

je nástrojářská bruska, druhým bruska na ostření kotoučových pil. Vysvětluje mi, že stroje nainstaloval před několika týdny. Po dvou letech, kdy zde ležely nedotčeny. Chvilku uklízí a hledá správné místo pro snímky. Používá externí blesk. Vše trvá asi deset minut.

Jan Boublík pracoval ve Škodě Klatovy od roku devatenáct set sedmdesát sedm do roku dva tisíce pět jako brusič. V roce dva tisíce čtyři si zakoupil multifunkční nástrojovou brusku z továrny, kde byl zaměstnán dvacet osm let.

6
7 Dvacátého prvního července, Maloveska, deset kilometrů od Klatov.

Napůl dílna, napůl garáž. Podél stěn jsou v několika rovinách police plné nejroztodivnějších předmětů – kusů starých aut, motorek a dalších strojů; PET lahve, skrz jejich průhledné stěny jsou vidět různé kapaliny, jejichž jména si netroufám hádat. Na pravé straně od nás je soustruh. Stojí u stěny a je v provozu. Obsluhuje ho muž, kterého hledáme. Po několika výkřicích oddělených od sebe nervózním čekáním si nás všimne a vypíná stroj. Muž se jmenuje Josef Malát. S návrhem souhlasí a na pracovním stole pohotově hledá fotoaparát. Koupil si ho, aby mohl dokumentovat své výrobky. Ukazuje nám také několik posledních snímků. Asi minutu si je prohlížíme. Táta se ptá na některé detaily, náhle si však všimne soustruhu. Je to ten samý stroj, na němž pracoval patnáct let. Chvíli stojí a dívá se na něj. Nevím, co říci, tak pomáhám Josefovi Malátovi odklidit předměty, které brání pohledu na celý stroj. Fotí také brusku, která je uprostřed místnosti. Před odchodem se ho ještě ptám, jak dlouho ve Škodovce pracoval jako technik: většinu života, od začátku šedesátých let do roku dva tisíce tři. Oba stroje si koupil v roce dva tisíce.

8 Září, Klatovy. Centrum města, Vančurova ulice. Několik bloků od hlavního náměstí.

Zvoním na zvonek u čísla osmdesát pět. Už jsem zde byl, asi dva týdny nazpět. Bydlí zde Jaroslav Stupka, který ve Škodě Klatovy pracoval od konce sedmdesátých let do roku devatenáct set devadesát dva, v sekci logistiky. Od doby, kdy odešel z továrny, je zaměstnán v celní správě. V roce dva tisíce šest si z továrny zakoupil univerzální soustruh. Dům je velmi starý, pravděpodobně barokní, přestavěn v sedmdesátých letech. Brizolitová fasáda, velké okenice s obnaženým zdivem okolo. Místnost se strojem je dlouhá a velmi úzká, něco přes metr a půl. V polovině je zúžena sloupy. V první části je sklad, v šeru rozeznávám dvě silniční kola. V druhé půli je soustruh. Zabírá většinu prostoru, zbývá místo právě tak na dřevěnou rohož. (Dělník na ní stojí a odpad z obrobku propadá mezi dřevěnými latěmi. Díky tomu nemusí v průběhu práce neustále uklízet

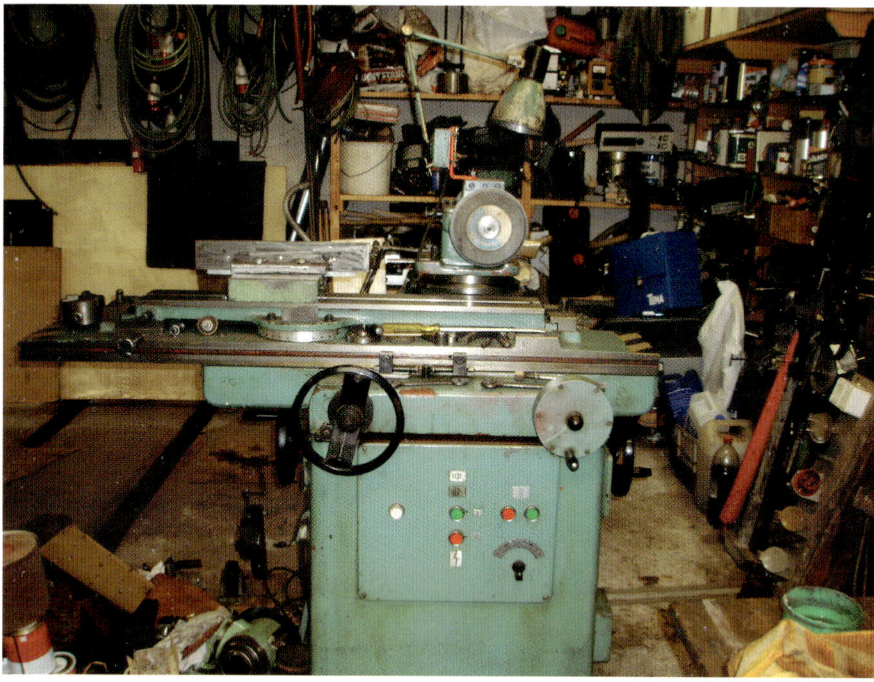

15

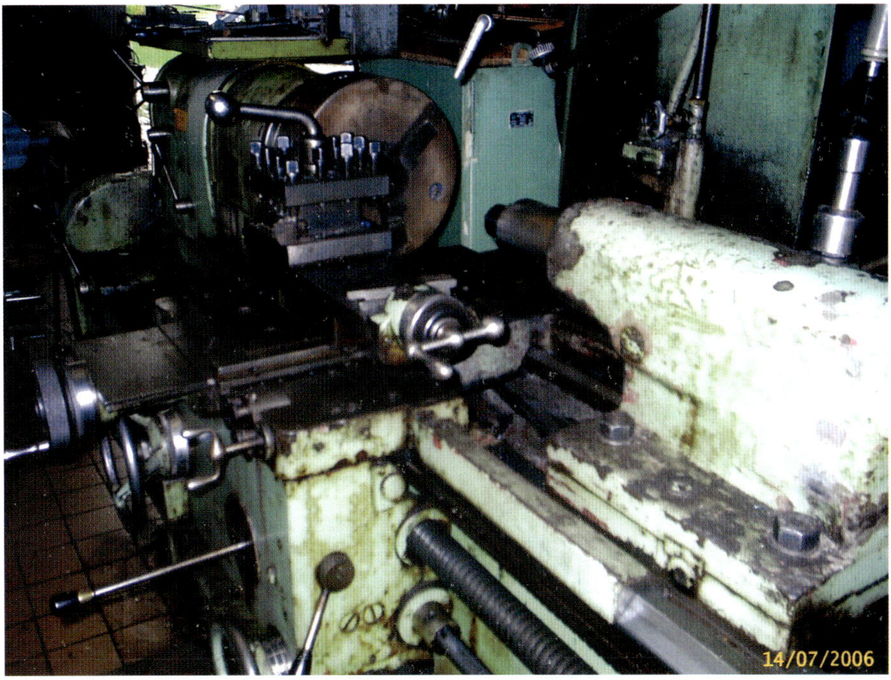

16

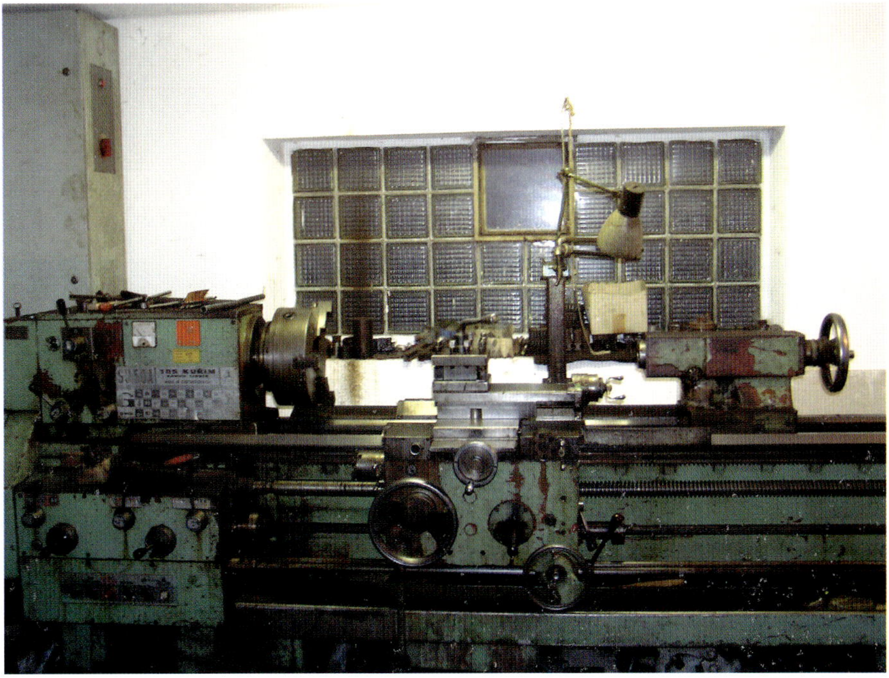

17

the table. He bought it to be able to document his products. He shows us the last few pictures he'd taken. We look at them for about a minute. My dad asks a few questions about some aspects of the products in detail, then he suddenly focuses his attention on the lathe. It's the same machine that he worked on for 15 years. For a moment he stands there looking at it. I don't know what to say so I help Josef Malát put away the objects that obstruct a full view of the machine. He also takes a photograph of the grinding machine that's located in the middle of the room. I'm surprised to find out that he also purchased this piece of equipment from Škoda Klatovy. Before leaving I ask him how long he worked at the Škoda plant as a technician: most of his working life, from the start of the 1960s until 2003. He purchased both machines in 2000.

8 September, Klatovy. The city center, Vančurova Street. Several blocks from the main square. I ring the doorbell at number 85. I've been here once before, about two weeks ago. The man who lives here is Jaroslav Stupka, who worked in logistics at Škoda Klatovy from the end of the 1970s until 1992. Since leaving the factory he's been employed by the customs office. In 2006 he bought a multi-purpose lathe from the factory. The house is very old, probably Baroque, reconstructed in the 1970s. It has a lime plaster facade, large windows with shutters fringed with bare masonry. The room with the machine is long and very narrow, just a little over a meter and a half wide. In the middle there are columns that make it even narrower. The first half is used for storage. In the dim light I can make out two bicycles. The other half houses the lathe. It takes up most of the space, there's only room enough for a wooden mat with slats. [The worker stands on the mat and waste material from the workpiece falls down between the slats. That means he doesn't have to clean up all the time while working, nor wade through piles of variously shaped spirals of steel shavings]. This is the second time I've seen this machine and I'm once again surprised by its location. I want to ask how they managed to get it there—it seems totally impossible. But I don't want to interrupt Jaroslav Stupka's efforts to explain to me why he hadn't been able to photograph the entire lathe. He shows me that he simply couldn't get enough distance, even if he stood on the opposite side of the corridor, or if he got up on a stool and took a picture from above; the lens on his SLR doesn't have a high depth of field. I examine the negatives and try to reassure him that the pictures came out well. I ask him which he would select. He thinks about it for a moment and after a few seconds he shows me two frames.

nebo se po osmi hodinách brodit v hromadách kovových spirál.) Vidím ten stroj podruhé a znovu mě překvapuje jeho umístění. Chci se zeptat na způsob, jak jej sem dostali – zdá se mi to naprosto nemožné. Nechci však přerušovat Jaroslava Stupku v jeho snaze vysvětlit mi, proč se mu nepodařilo vyfotit celý soustruh. Ukazuje mi, že neměl dostatek odstupu, ani když přešel na protější stranu chodby nebo si stoupl na stoličku a fotil stroj z nadhledu; jeho objektiv nedisponuje velkou ohniskovou vzdáleností. Prohlížím si negativy a přesvědčuji ho, že snímky jsou povedené. Ptám se ho na výběr. Rozmýšlí se a po několika vteřinách mi ukazuje dva záběry.

9 Dvanáctého září, předměstí Klatov, Luby. Autodílna.

Táta mi představuje muže, za kterým jsme přišli. Je mu přes osmdesát a má mohutnou postavu. Odmítá focení – vlastní starý fotoaparát a ten je v jeho bytě, v jiné části města.Také ho velmi dlouho nepoužil. Otec mi navrhuje použít můj vlastní. Souhlasím. Pan Zítek odstupuje a hledá nejvhodnější místo pro záběr, aby mohl vyfotit celý stroj. Všímám si, že má neobvykle velké konečky prstů – následek několika desítek let tvrdé práce. Nedaří se mu zmáčknout spoušť. Konečně. Ukazuje mi výsledek, fotografie je rozmazaná. Zkouší to znovu a znovu. Při každém zmáčknutí pohne celým přístrojem; vzdávám to.

Jaroslav Zítek v Škodě Klatovy pracoval od roku devatenáct set čtyřicet tři do roku devatenáct set devadesát jako soustružník. V roce devatenáct set devadesát pět si koupil univerzální soustruh. Vypomáhá na něm svému synovi v autodílně.

10
11 Ten samý den, vesnice nedaleko Klatov, asi deset kilometrů.

Vůbec nevím, kde to jsem. (Jako obvykle, místo a majitele zná táta. Ve všem se na něj spoléhám, přesto ho začínám podezřívat, že mě doprovází především ze zvědavosti, a ne ze zájmu o mou práci. Chce vidět, jak si vedou lidé, s nimiž se dřív každodenně potkával – v kantýně, při polední pauze nebo o přestávce na kafe. Nebo živnostníky jako on – ty, které zná z doslechu, ale nikdy neměl příležitost je navštívit.) Hala je plná strojů, dominantní les ocelových pilířů s charakteristickou vůní oleje a jemného železného prachu. Vcházíme a v přítmí rozeznáváme postavu pracující u jednoho ze strojů. Je jím syn majitele kovářské dílny. Jmenuje se František Krátký. Po chvíli si nás všimne a jde k nám. „Koupili jsme pouze stolní vrtačku, tu máme uvnitř, a frézku, ale tu jsme ještě nenainstalovali… ta je támhle," ukazuje do rohu mezi domem a halou na plachtu, pod níž se rýsuje pravděpodobný tvar stroje. „Ale nenafotím vám to." „Nepotřebujeme, abyste nám to fotil vy. Rád bych o to požádal vašeho otce," odpovídám.

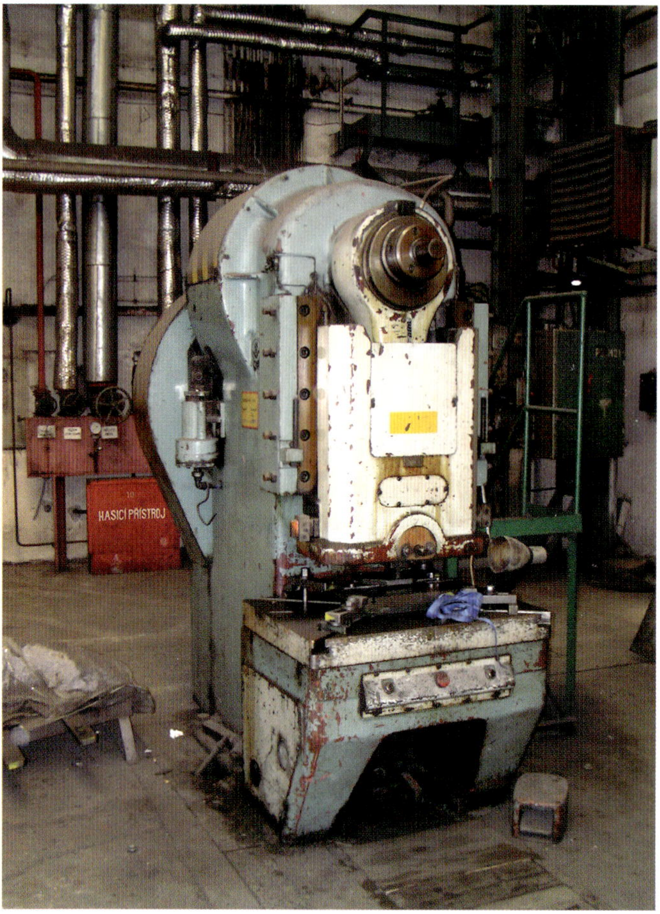
HASICÍ PRÍSTROJ

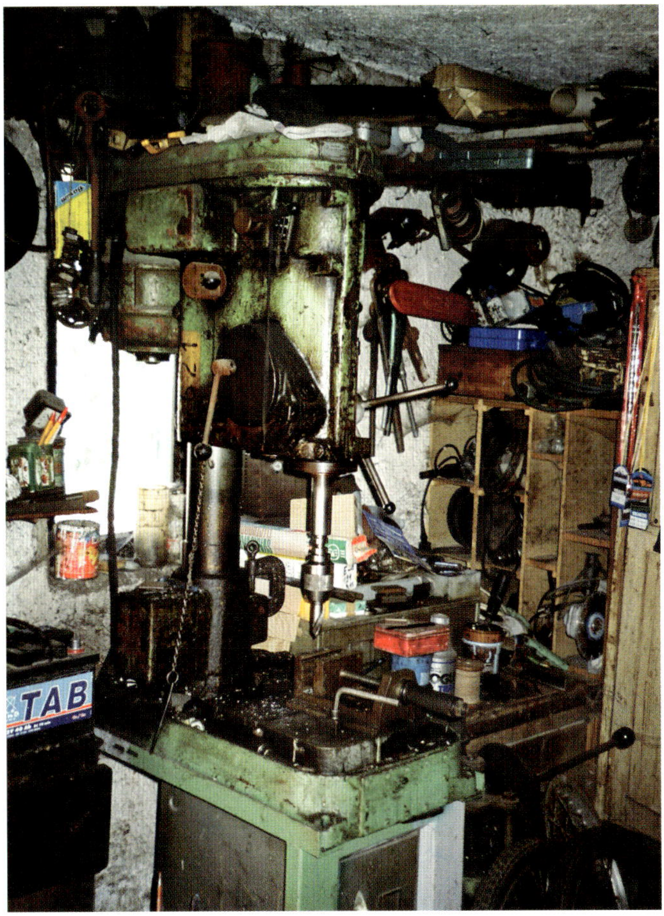

19

9 September the twelfth. The outskirts of Klatovy, a place called Luby, a car repair shop. Dad recognizes the man we've come to see. He's more than 80 years old and has a massive figure. He refuses to take the photographs—he owns an old camera and that's in his flat, in a different part of town. Also, he hasn't used it for a long time. Father suggests using mine. I agree. Mr. Zítek takes a few steps back, looking for the best place to take the picture—one from where he can photograph the entire machine. I notice that the tips of his fingers are unusually thick: the consequence of several decades of hard work. He has trouble pressing the button. Finally, he shows me the result: the photograph is blurred. He tries again and again. Every time he presses the button he moves the entire device; I give up. Jaroslav Zítek worked in Škoda Klatovy from 1943 to 1990 as a turning hand. In 1995 he purchased a multi-purpose lathe. He works on it to help out his son in his car repair shop.

10
11 The same day, a village about 10 kilometers from Klatovy. I've no idea where I am. (As usual, it's my dad who knows the place and its owner. I rely on him for everything, but even so I'm beginning to suspect that he's coming with me mainly out of curiosity, rather than an interest in my work. He wants to see how people that he met every day for several decades—in the canteen, during the midday break or various coffee breaks—were getting on. Or to meet trade licence holders like himself that he'd heard about, but never had the opportunity to visit.) The large room is full of machinery, the dominant feature being a forest of steel rods which give off a characteristic smell of oil and fine iron dust. We walk in and in the dim light we make out a figure working on one of the machines. It's the son of the owner of the metalworking workshop. His name is František Krátký. After a while he notices us and walks over. "We only bought a bench drill, we've got that inside, and also a milling machine, but we haven't set that up yet; that's over there," he points to the corner between the house and the workshop, where the outline of what's probably a machine is showing through a tarpaulin. "But I won't take a picture of it for you." "We don't need you to take a picture of it. We'd like to ask your father," I respond. He's nervous, looking at my father as if he knew something I didn't. "My father's got cancer and after lunch he always takes a nap… if you want to, you can take a picture yourself." I give up and ask where the drill is located. "Inside, second on the left from the doorway."

Je nervózní, dívá se na mého otce, jako by věděl něco, co já ne. „Táta má rakovinu a po obědě vždy odpočívá… jestli chceš, tak si je můžeš nafotit sám." Vzdávám se a ptám se, kde je vrtačka. „Uvnitř, druhá nalevo od vrat."

Frézka je obráběcí stroj schopný velkého spektra tvarů, především rovinných, ale při použití zvláštního příslušenství i rotačních. Fréza je nástroj, má pravidelný souměrný tvar s více břity. Obráběný materiál nevykonává žádný rotační pohyb. Fréza prostřednictvím mechanického posuvu a vysoké rotace odebírá třísku. Posuv obrobku může probíhat ve všech třech směrech.

Vrtačka je obráběcí stroj určený k výrobě otvorů s pravidelným rotačním tvarem. Nástrojem je zpravidla vrták, má pravidelný souměrný tvar s dvěma břity; upíná se pomocí sklíčidla anebo morse kužele do vřetene vrtačky. Obráběný materiál nevykonává žádný pohyb. Nástroj pomocí mechanického posuvu a vysoké rotace odebírá třísku a vytváří požadovaný tvar.

12 Třináctého září, Tětětice. Vesnice asi deset kilometrů od Klatov, směrem na Železnou Rudu.

Čekáme u vrátek stavení na kraji vesnice. Je zde nádherný výhled na město. Je zahalené do sytých večerních barev. Elektrické osvětlení ho nadnáší v rozmanitém spektru růžové a oranžové. Už je tady, malý a hubený. Jmenuje se Štefan Kadlec. Pracoval ve fabrice od poloviny devadesátých let do roku dva tisíce pět jako vazač. Vede nás k nízké dřevěné budově se širokými vraty. Rozsvěcí a v několika elektrických výbojích je ozářen celý prostor. Je docela veliký. Po chvíli se světlo stabilizuje. V zadní části místnosti je soustruh. „Koupil jsem ho v roce dva tisíce… mám v plánu založit soustružnickou a zámečnickou dílnu… příležitostné opravy pro známé a kamarády," vysvětluje mně a mámě. Je velmi upovídaný, připomínám mu proto, proč jsme tady. Hledá vhodné místo pro záběr. Stále odstupuje a vysvětluje nám, že chce vyfotit celý soustruh, nakonec pořizuje několik záběrů.

13 Sedmnáctého září, Plánice. Město patnáct kilometrů od Klatov, směrem na východ.

Táta se hned od začátku baví s mužem o práci. Pracuje od konce Škodovky v Německu, ve firmě vyrábějící specifické části bagrů a jeřábů. Zarovnává ruční bruskou čerstvé sváry. Každý den osm hodin. Výrobní haly jsou nedaleko hranic, asi padesát kilometrů. Když má ranní směnu, vstává ve čtyři hodiny a vrací se přibližně okolo páté večer. „Ale nemohu to říci přesně, je to různé… podle počasí a ročního období," dodává. Začínám být netrpělivý, přerušuji rozhovor. „Vrtačku mám v kůlně a ta je támhle," ukazuje směrem k hospodářskému stavení s dřevěnými

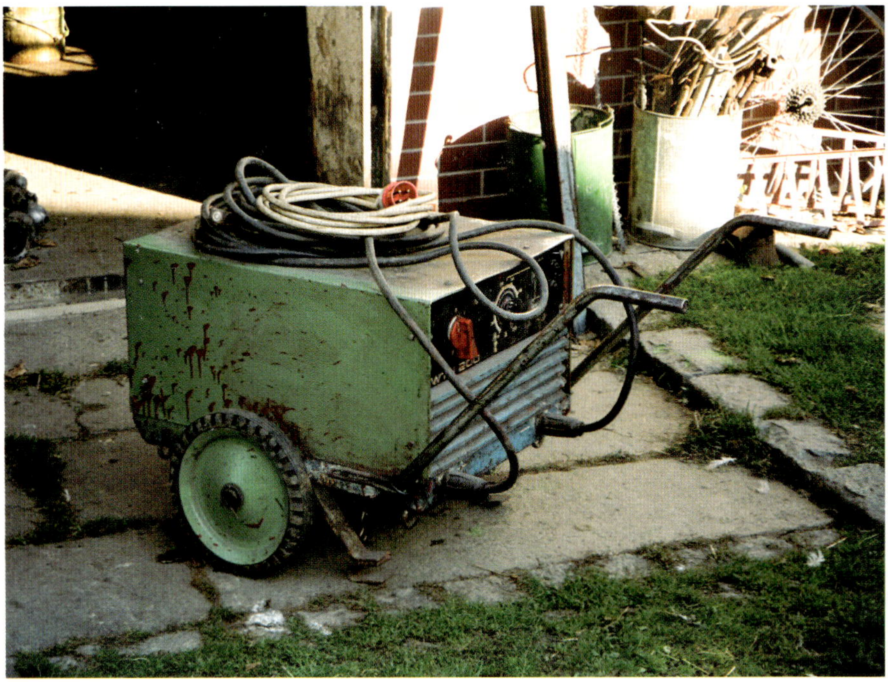

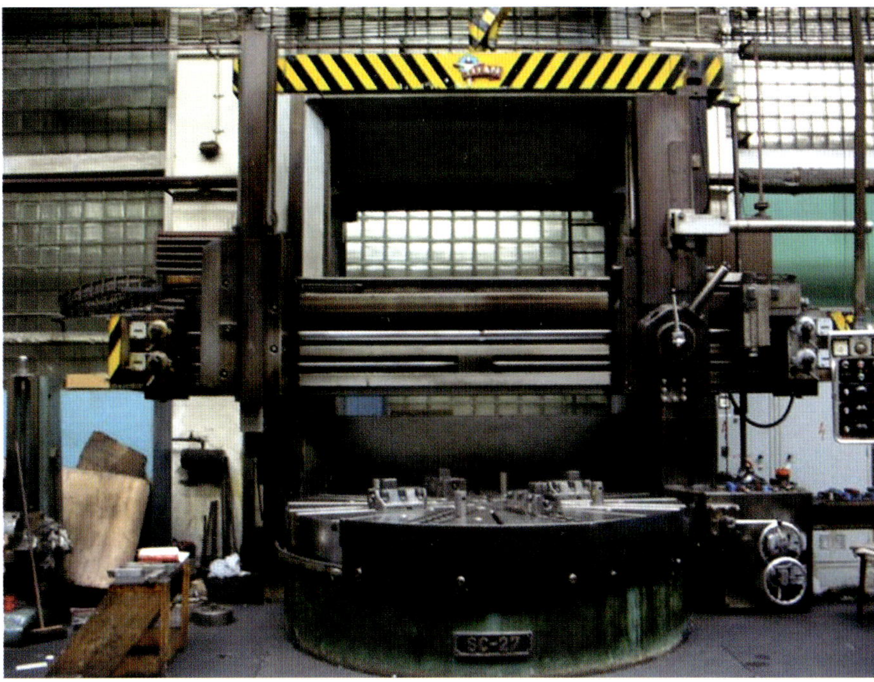
SC-27

A milling machine is a machine tool capable of fabricating objects with a broad spectrum of shapes, especially ones with a straight edge, though with special accessories they can also be used to make shapes with rotational symmetry. A milling machine is a tool that has a regular shape and employs several milling cutters. The workpiece does not rotate. The milling cutter removes shavings, the swarf, from the material through the action of the rapidly rotating cutter and the mechanical movement of the workpiece. The workpiece may be moved in the direction of all three axes.

A bench drill is a machine tool used to make holes with a regular cylindrical shape. For the most part a drill bit, which has a regular symmetrical shape with two knife-edges or flutes is employed; it's fixed in the head of the drill with the aid of a chuck or a Morse taper. There's no rotational movement of the workpiece. Employing movement and high speed rotation, the machine removes shavings of material, achieving the required shape.

12 September the thirteenth. Tětěnice, a village about ten kilometers from Klatovy in the direction of Železná Ruda. We're waiting by a gate leading to a house on the outskirts of the village. There's a beautiful view of the town from here. It's shrouded in the rich evening colors. It seems to be floating in a diverse spectrum of pinks and oranges produced by electrical lighting. The man arrives, he's small and thin. His name is Štefan Kadlec. He worked in the Škoda Klatovy factory from the mid-1990s until 2005 as a binder. He leads us towards a low wooden building with a wide doorway. He turns the lights on and the entire space is illuminated with successive bursts of pulsating light. It's quite large. After a while the light stops flickering. There's a lathe in the rear part of the room. "I bought it in 2000… I'm planning to set up a lathe and machining workshop… to do repair jobs for acquaintances and friends every now and then," he explains to me and my mother. He's very talkative so I remind him why we're here. He looks for an appropriate place to take the picture from. He keeps moving back, explaining that he'd like to take a picture of the entire lathe; in the end he takes several pictures.

13 September the seventeenth. Plánice, a town 15 kilometers east of Klatovy. Right from the outset my dad talks to the man about work. Since Škoda closed down he's been working in Germany for a company that manufactures specific parts for diggers and cranes. Using a hand-held angle grinder he grinds down fresh welds, eight hours a day, every day. The factory halls are not far from the border, about 50 kilometers. When he has a morning

vraty. Uvnitř je několik strojů, převážně sloupových vrtaček. Některé z nich jsou opravdu staré. Vyplňují celý prostor. Ta, kterou hledáme, je na stole. Pozoruji konečky jeho prstů, jak manipulují s digitálním fotoaparátem Sony. Jsou tak velké a bez citu, že nezvládají zmáčknout spoušť. Zkouší to několikrát, ale pokaždé pohne s celým fotoaparátem. Následkem toho jsou snímky rozmazané. Chci mu pomoct, ale vím, že je to marné. „Zastavte se příští týden… nechám to nafotit mladýho, ten to zvládne."

Oto Huřťák pracoval ve Škodě Klatovy od poloviny sedmdesátých let do roku dva tisíce pět jako zámečník. Stolovou vrtačku si z továrny zakoupil v roce dva tisíce.

14 Osmnáctého září, dílna
15 Josefa Maláta.

Před několika dny jsem se rozhodl požádat některého z majitelů o nové fotografie. Chci vědět, jestli budou jiné; respektive jestli vztah mezi vlastníky a předměty podléhá krátkodobým vnějším vlivům, nebo je formován dlouhodobě. Volba padla na pana Maláta, a to jednoduše proto, že se mi jeho fotografie nelíbily. Je to absurdní, přemýšlet takhle nad snímky, které byly foceny bez jakýchkoli uměleckých ambicí.

Je poněkud zaražený, ale souhlasí. Zatímco jde do domu pro aparát, odnáším od strojů předměty, které je zakrývají. Za chvilku pan Malát pořizuje několik nových záběrů. Ve své kompozici a kvalitě se nijak neodlišují od těch předchozích.

16 Ten samý den. Bývalý mlýn, několik kilometrů od Klatov.

Čekáme před plotem, až někdo odežene psa, který na nás agresivně doráží. Objevuje se muž ve středním věku. Václav Touš je majitelem vodní elektrárny, která se nachází v hospodářské budově hned vedle domu. Důvody našeho příchodu se u něho nesetkaly s pochopením. Přijde mu to jako nesmysl, za nímž se skrývá něco jiného. Jsme mu podezřelí. Otec vstupuje do rozhovoru a snaží se mě podpořit. Nakonec souhlasí, ale místo sebe navrhuje svého syna, který na rozdíl od něj umí zacházet s digitálním fotoaparátem.

Soustruh je v dílně, těsně u zdi; stejně jako další stroje. Střed místnosti je prázdný. Po několika minutách přichází asi dvacetiletý muž s digitálním fotoaparátem. Uklízí pracovní prostor soustruhu, poté leze na stroj a rozkračuje se mezi něj a stěnu. Fotí jej z nadhledu. Podává mi fotoaparát, abych si snímky stáhl do počítače.

17 Dvacátého druhého září, Lho-
18 vice. Vesnice deset kilometrů od Klatov, blízko hradu Švihov.

Přichází dvojice mužů, otec a syn. Jsou v rozpacích, nevědí, co říct. „Můžu vidět vaše stroje?" Jejich ano je zdráhavé. Jsme v garáži. U zadní stěny je soustruh, pracovní stranou

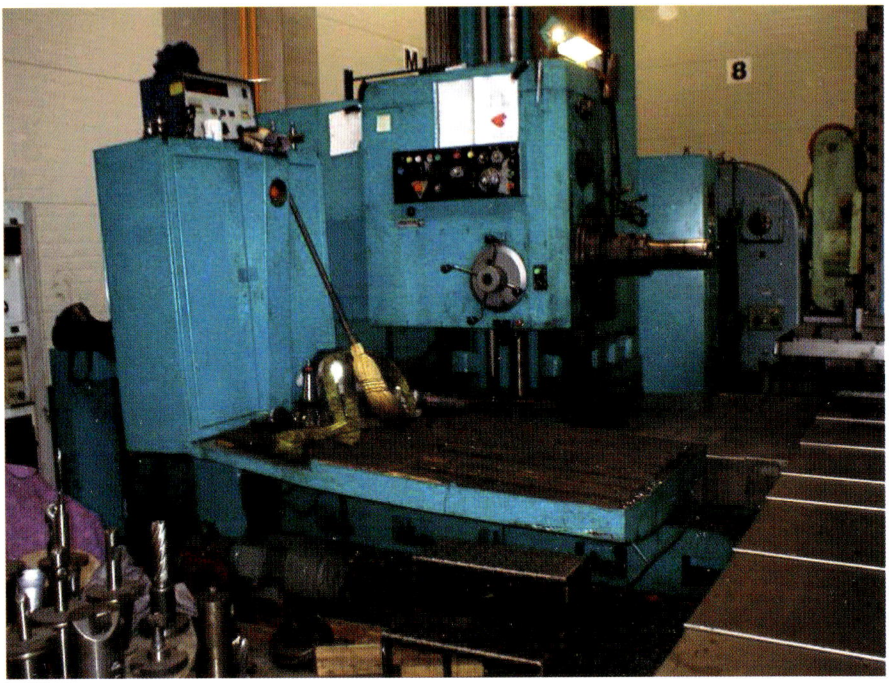
8

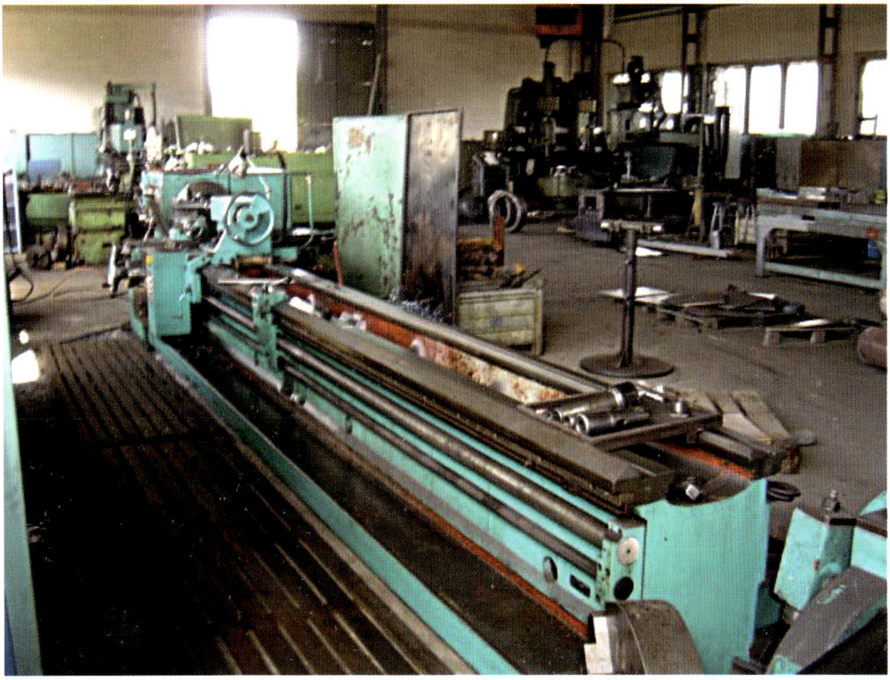

shift he gets up at 4 a.m. and gets back around 5 p.m. "I can't be precise about that, though, it's not always the same… depends on the weather and the season," he adds. I'm starting to get impatient so I interrupt the conversation. "The bench drill is in the shed and that's over there," he points in the direction of a farm building with wooden doors. There are several machines inside, mostly radial arm bench drills. Some of them are really old. They take up the entire space. The one we're looking for is on the table. I watch the tips of his fingers as they handle the Sony digital camera. They're so large and insensitive that he can't press the button. He tries again and again. Every time he moves the entire camera. As a result the pictures are blurred. I want to help him but I know it's futile. "Stop by next week… I'll get my son to take the pictures, he'll manage." Oto Huřťák worked in Škoda Klatovy from the mid-1970s until 2005 as a machine fitter.

14 September the eighteenth. Josef Malát's workshop. Several
15 days ago I decided to ask one of the owners for a new set of photographs. I want to know whether the composition will change; in other words whether the relationship between owners and the objects they own changes, whether it is subject to any short-term external influences, or is formed over a long period of time. The choice fell on Mr. Malát for the simple reason that I didn't like his photographs. It's absurd to think about photographs that were not taken with any artistic ambition in this way. He's somewhat taken aback, but agrees. While he goes to get his camera I remove any objects that obscure the machines. In no time Mr. Malát takes several new pictures. In terms of composition and quality, the pictures are no different from the ones he took before.

16 The same day. A former watermill, several kilometers from Klatovy. We're waiting behind a fence until someone deals with the dog that's barking at us aggressively. A middle-aged man appears. Václav Touš is the owner of a hydroelectric power station located in a building right next to his house. The reasons for our visit have not met with understanding. The story makes no sense to him; he thinks it's probably a cover for something else. He finds us suspicious. Father joins the conversation and tries to support me. The man agrees in the end but suggests his son take the pictures, unlike him he knows how to use a digital camera. The lathe is in the workshop, right by the wall, like the other machines. The middle of the room is empty. After several minutes a man about 20 years old arrives with a digital camera. Once I've explained what the project is about, he starts to tidy up the

k nám. Druhý stroj stojí mezi ovocnými stromy, které o necelý metr převyšuje. Je zabalen do nepromokavých plachet zpevněných provazy. Impozantní objekt. „Výstředníkový lis," říká starší. Focení se nekoná, baterie jejich digitálu je vybitá. Slibují, že to nafotí později a pošlou mailem. Vyrábějí spolu okapy. Starší pán si postěžuje, že firma již neprosperuje jako v devadesátých letech. Oba se jmenují Karel Květoň.

Květoň starší pracoval ve Škodě Klatovy od konce šedesátých let do roku devatenáct set devadesát tři jako konstruktér. Stroje si zakoupil v roce dva tisíce pět z továrny, kde byl zaměstnán dvacet pět let.

Výstředníkový lis je tvářecí stroj konstruovaný k mechanickému zpracování materiálu. Základem mechanismu je vačka – kruhová deska s osou posunutou vůči převodu motoru, čímž z otáčivého pohybu vzniká pohyb posuvný. Lis působí silou tlaku na těleso, které se následně deformuje a mění tvar.

19 Září, jedna z hospodářských
20 budov, ta nejstarší. Táta ji přestavěl na dílnu. Do doby, než si s mámou koupili soustruh, trávil tady většinu času. Má zde své nástroje a stroje. Mezi nimi stolní vrtačku a svářecí stroj. Koupil je v polovině devadesátých let ze Škody Klatovy. Držím teď v rukou výsledek z fotolabu. Podezřívám mámu, že fotografie raději pořídila sama, než aby o ně žádala otce. Nechci to vědět.

Svařovací zařízení elektrickým obloukem je stroj umožňující pevné spojení kovových předmětů. Základem konstrukce je motor s příkonem 230 až 400 voltů, ten generuje elektrický oblouk mezi elektrodou a svařovaným materiálem. Produktem je teplo, které taví elektrodu, jejíž hmota spojí svařované části materiálu k sobě.

Devátého října, galerie Hunt Kastner Artworks, pražská Letná.

Všech 14 fotografií visí v jedné řadě, jsou stejně veliké: 50 x 40 centimetrů, chráněné plexisklovým rámem. Pod každou je nalepen štítek s popiskou: vyfotil ten a ten, toho a toho roku. S krátkým popisem situace: co je foceno, jak dlouho autor v továrně pracoval a kdy si dotyčný stroj koupil. Prostor je čistý. Ve vzduchu je cítit saponát, je několik hodin před vernisáží. Stěny a strop jsou bílé, podlaha šedivá. Vše mi připomíná tovární halu nebo zámečnickou dílnu, s těmi velkými okny do ulice. Dojemný industriální styl.

V polovině srpna dva tisíce osm jsem se setkal s bývalým ředitelem Škody Klatovy Vladimírem Trochem. Získat kontakt nebyl žádný problém, stačilo zavolat do firmy KV Steel a požádat o telefonní číslo. Poprvé mě odmítl,

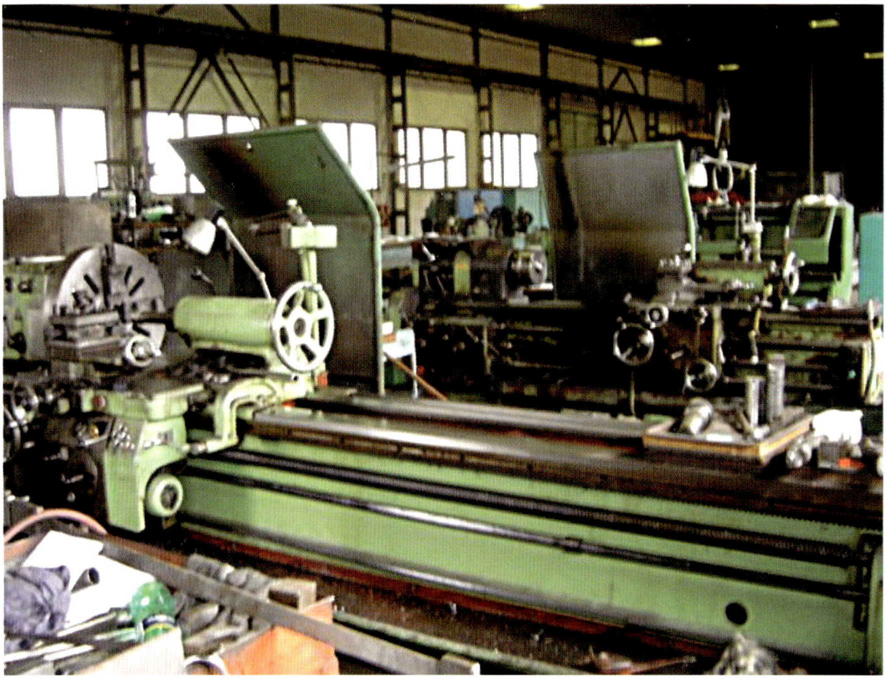

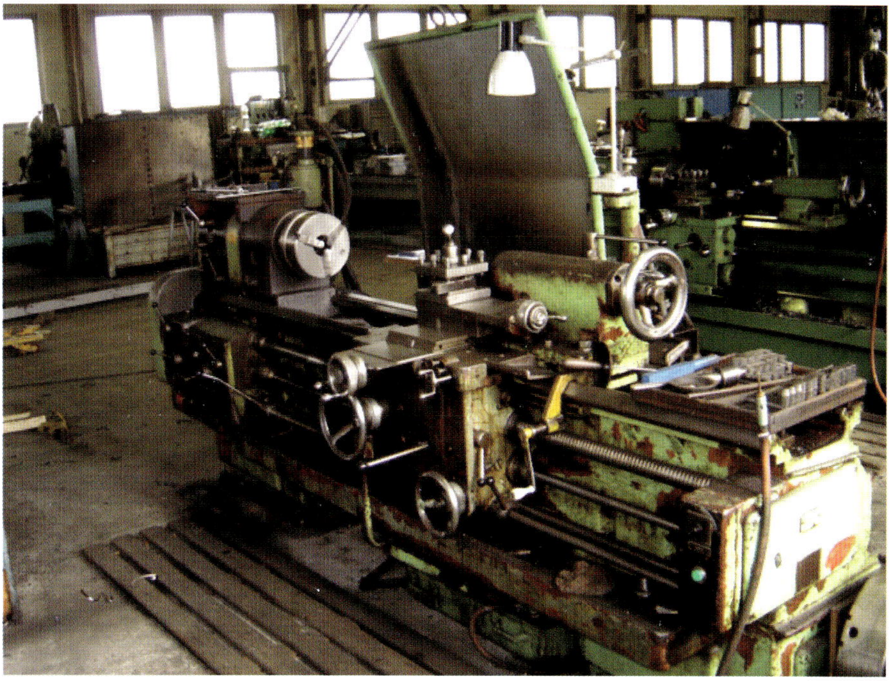

work space around the lathe, then he gets up on the machine and stands with his legs apart between it and the wall. He photographs it from above. He hands me the camera so that I can download the pictures to my computer.

17 September the twenty-second. Lhovice, a village ten kilometers
18 from Klatovy, near Švihov Castle. Two men are approaching, father and son. They're disconcerted and really don't know what to say. "Could I see your machines?" Their affirmation is reluctant. We're in the garage. There's a lathe by the back wall with the side facing the machinist turned towards us. The other machine is outside, standing among fruit trees, exceeding them in height by almost a meter. It's wrapped in waterproof canvas drawn tight with ropes. An imposing object.

"An eccentric press," says the older of the two men. There's to be no photography, the battery of their digital camera is flat. They promise to take some pictures later and send them by email. The two men run a business together manufacturing gutters. The older man grumbles that the company is no longer as prosperous as it was in the 1990s. Both their names are Karel Květoň. Mr. Květoň senior worked in Škoda Klatovy from the end of the 1960s until 1993 as an engineering designer. He purchased the machines in 2005 from the factory where he'd been employed for 25 years.

An eccentric press is a forming tool designed to mechanically deform materials. The basic part of the mechanism is a cam; a disk with a shifted spindle with respect to the axis of the gear of the motor which transforms rotary motion into linear motion. The press exerts pressure on a body which consequently deforms and changes shape.

19 September, one of our family's farm buildings, the oldest one.
20 Dad had converted it into a workshop. Before he and mom purchased the lathe, he used to spend most of his time here. This is where he has most of his tools and machines. Among them a bench drill and a welding machine. He bought them in the mid-1990s from Škoda Klatovy. I'm holding the developed film from the photo lab in my hands. I suspect that my mother took the pictures herself, rather than asking father to do it. I don't actually want to know.

An electric-arc welding machine is a machine tool used to make strong joints between steel objects. The core of the device consists of a power supply with output voltage of 230 to 400 volts; this generates an electric arc between the electrode and the base material being welded. The heat produced melts the electrode, joining the materials together.

po třetím telefonátu souhlasil. Schůzka se odehrála v prostorách firmy KV Steel, v jedné z kanceláří v průmyslovém komplexu na okraji Přeštic. Podnik založilo několik členů bývalého vedení Škodovky. Podpořeni silným lokálním investorem odkoupili část průmyslového inventáře fabriky a zaměstnali několik desítek bývalých zaměstnanců: dělníky, úředníky, konstruktéry…

Chtěl jsem získat fotografie strojů z KV Steel a kontakty na další firmy, které vlastní stroje ze Škodovky, nebo na ty, které je sice odkoupily, ale následně repasovaly a prodaly; částečně do Čech, zčásti do továren ze třetího světa. Především do zemí, kam se těžký průmysl přesunul v posledních dvaceti letech: Čína, Indie, Mexiko, Brazílie. Slíbil mi, že některý ze zaměstnanců stroje vyfotí. Vedle toho mi poskytl spojení na dvojici manažerů z firmy Feramat Machinery, s nimiž spolupracoval při prodeji strojů. Při pozdější snaze kontaktovat oba muže jsem uspěl pouze u jednoho, u Jana Lizce. Pro Feramat Machinery prodal dvojici strojů: vodorovnou vyvrtávačku a karusel. Druhého muže jsem zkoušel oslovit různými cestami; bez úspěchu.

Vladimír Troch byl po celou dobu našeho rozhovoru milý a snažil se mi ve všem vyhovět. Bylo evidentní, že Škoda Klatovy představuje v jeho životě bolestné místo, s nímž se doposud nevyrovnal. Vycítil jsem šanci dozvědět se více. Bez okolků jsem se zeptal, jestli „nebyla příčinou zániku Škoda Klatovy neschopnost vedení firmy transformovat se? Nalézt nové trhy poté, co hlavní odběratel, ruský trh, zkolaboval?" (Vzpomněl jsem si na velké dřevěné bedny, které stály na začátku devadesátých let mezi výrobními halami. Některé se již rozpadaly a v jejich vnitřnostech bylo možno zahlédnout části kovových předmětů, natřených červenou barvou. Rodiče mi vždycky tvrdili, že to je zásilka strojů vyrobených pro SSSR někdy v osmdesátých letech, která nebyla zaplacena, a tedy odeslána.) Byl jsem si jistý – věřil jsem vlastním vzpomínkám a všeobecně přijímanému názoru na krach těžkého průmyslu v celé střední a východní Evropě.

Přestože se pan Troch snažil nedat na sobě nic znát, bylo zřejmé, že se ho má otázka dotkla. Nesouhlasil především s tím, že podnik byl až do konce osmdesátých let závislý na sovětskému trhu. Již od poloviny osmdesátých let totiž spolupracovali s firmou ze Západního Německa, která u nich vyráběla za mnohem nižší ceny než v tehdejší Spolkové republice Německo. To trvalo asi deset let – do poloviny devadesátých let, kdy již byla tato situace neudržitelná. Vedení Škodovky tehdy nabídlo německé firmě účast ve společnosti a doufalo ve zvýšení podílu na zisku. Návrh byl zamítnut, čímž došlo k rozchodu a továrna byla nadále odkázána pouze na schopnosti svého vedení. To ale neznamená, že oněch deset let

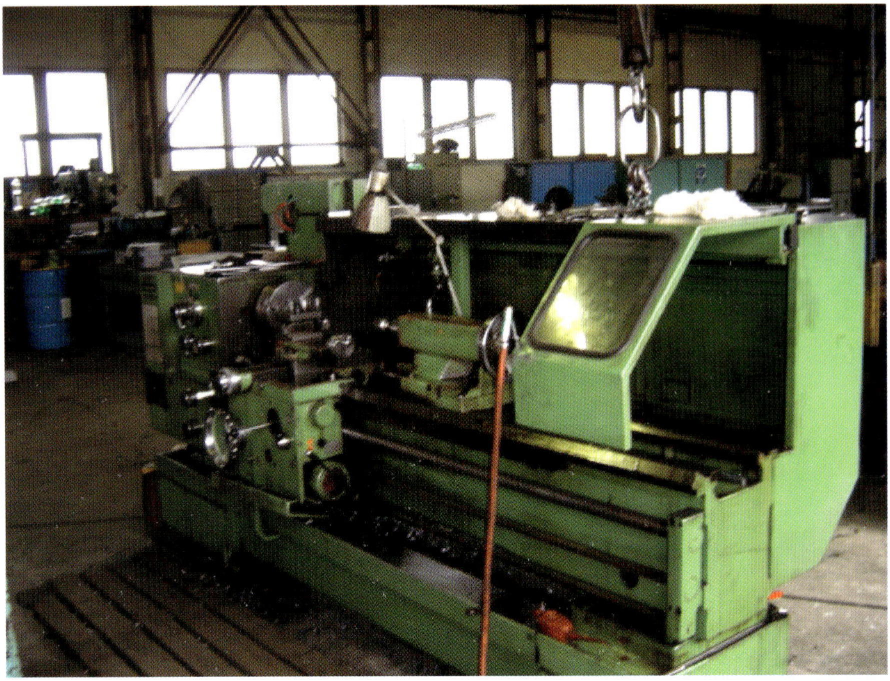

26

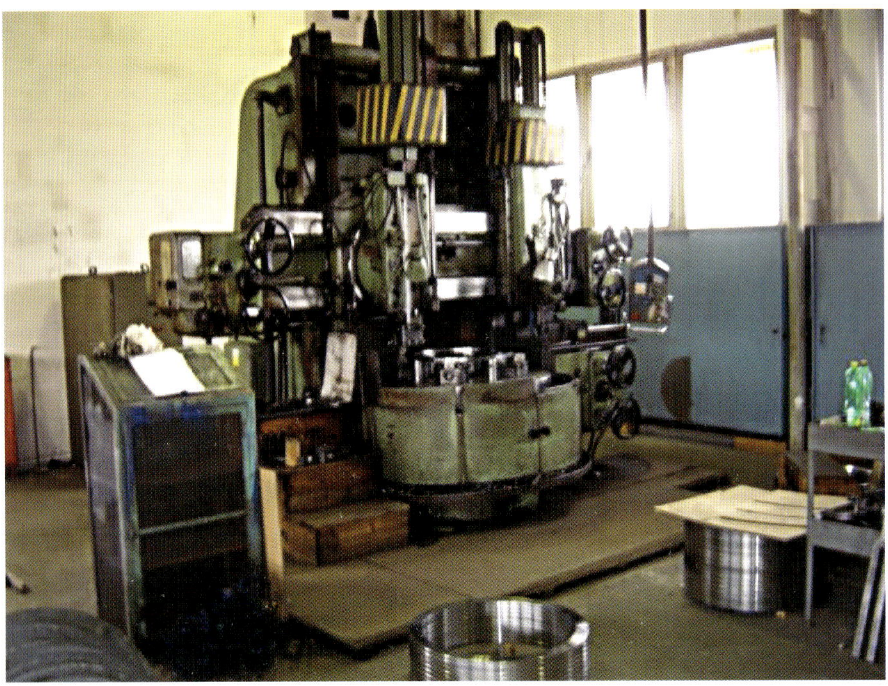

27

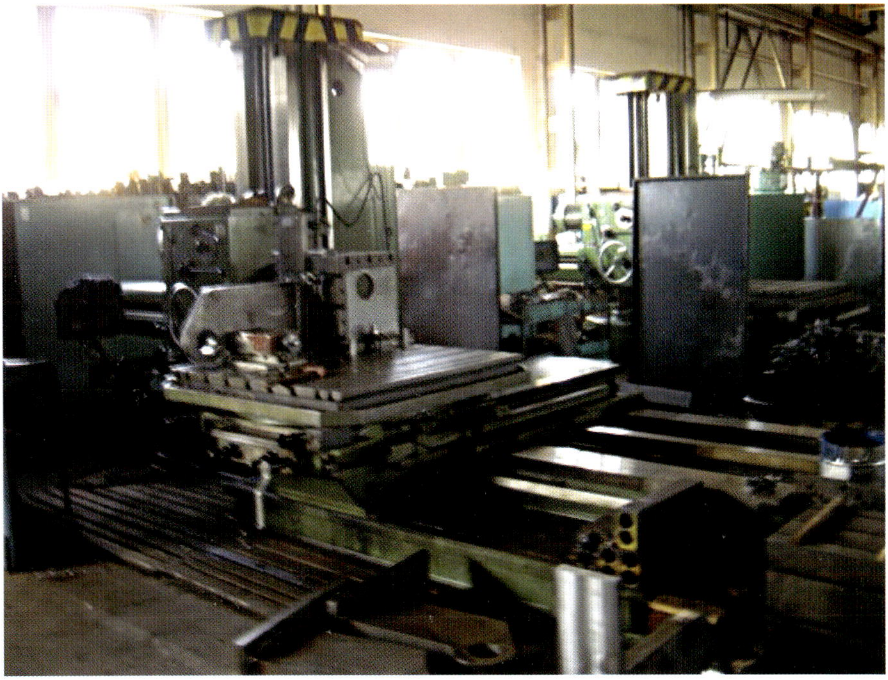

28

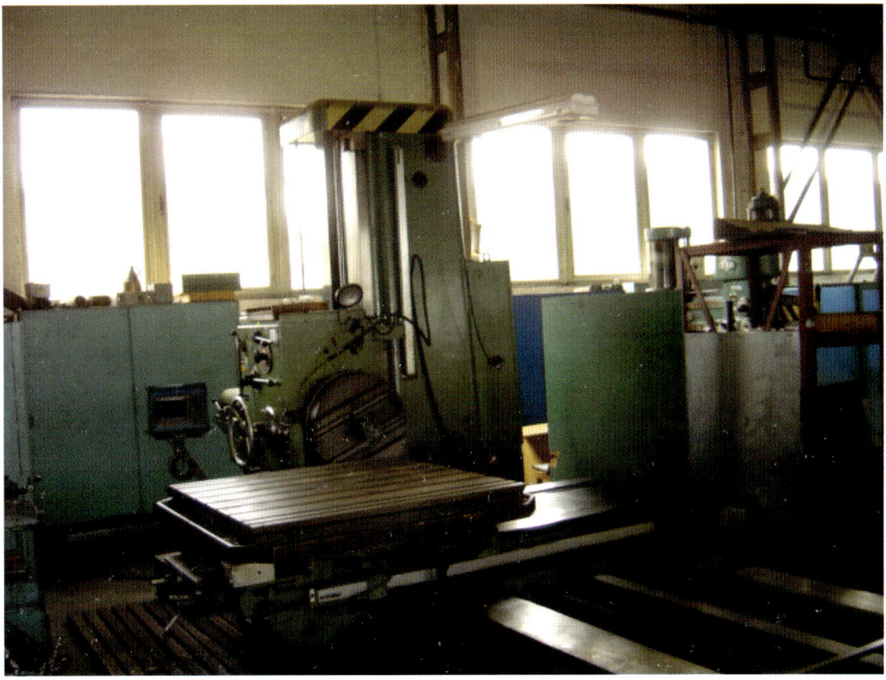

29

October the ninth, Hunt Kastner ArtWorks Gallery, Prague Letná. All 14 photographs are hanging up in a single line. They're all the same size: 50 x 40 cm; protected by a Plexiglass frame. Beneath each one there's a label on the wall with a description: Taken by so and so, such and such a year. There's also a short description of the situation: what was photographed, how long the authors worked in the factory and when they purchased their machines. The gallery space is clean. There's a smell of detergent in the air, the opening of the exhibition is still several hours away. The walls and ceiling are white, the floor is gray. It all reminds me of a manufacturing hall or a machining workshop, especially with those large windows facing the street. An impressionable industrial style.

Mid-August, two thousand and eight, I met with the former director of Škoda Klatovy, Vladimír Troch. Getting in touch with him wasn't difficult, all it took was calling KV Steel and asking for his number. Initially he refused to see me; the third time I called him he acquiesced. The meeting took place on the premises of KV Steel, in one of the offices that the company leases in an industrial complex on the outskirts of Přeštice. KV Steel was founded by several members of Škoda's former management. Backed by a strong local investor, they bought off part of the industrial machine stock of the factory and employed several dozen former employees: manual workers, office workers, engineering designers…

For me the aim of the meeting was to get a hold of photographs of machines owned by KV Steel, as well as to acquire contacts for companies which own the remaining equipment formerly owned by Škoda Klatovy, or those which bought off the machines, refitted them and sold them on: some of them went to companies in the Czech Republic, some to the Third World. Especially countries where heavy industry has flourished in the last 20 years–China, India, Mexico, Brazil. He promised me that one of the employees would take photos of the machines. Besides that he provided me with contacts for two men from the firm Feramat Machinery with whom he had collaborated on selling off the machines. When I later tried to contact them, I was only able to get a hold of one of them–Jan Linz. He sold a pair of machines on behalf of Feramat Machinery: a horizontal drill and a vertical lathe. I tried to get in touch with the other man in various ways, without success.

Vladimír Troch was pleasant throughout our conversation and tried to be helpful with everything. It was evident that the demise of Škoda Klatovy represented a painful part of his life that he still hadn't come to terms with. I felt a good chance to find out more. I asked him straight out whether "the reason for the closure of Škoda Klatovy was

bylo promarněno montáží cizích výrobků za minimální odměnu. Konstruktéři závodu se naučili novým technologiím, přesnému rozložení ohřevu po celé konstrukci pece, což přispívá ke zvýšení kvality vyráběného kovu. On sám se s vedením německé firmy setkal ještě několikrát, tentokrát jako konkurent. Následných deset let se firma potácela na hranici přežití, až nakonec v roce dva tisíce dospěla do konkurzu. Hospodářství firmy se pod dohledem konkurzního správce postupně stabilizovalo. V této době byl už Troch ředitelem firmy. Toto období přešel několika větami, nic víc.

Pravým důvodem zániku firmy nebyla podle Trochovy verze neschopnost vedení, nýbrž nepřátelství ze strany radnice. Ta se snažila od začátku devadesátých let profilovat město jako turistickou destinaci a továrna byla se svou polohou na okraji historického centra vnímána jako strašidlo. Nepřátelství bylo natolik zřejmé, že starosta na dotaz švédského zákazníka Škody Klatovy, jestli je město pyšné na firmu s takovou historií, odpověděl, že město ve svém územním plánu s továrnou nepočítá. Vše začalo, když Vladimír Troch odmítl odprodat firmě Lidl část pozemků. Druhý den mu volal starosta s přímluvou; opět nesouhlasil. Lidl s městem se pravděpodobně obrátily přímo na majitele továrny, Škodu Holding. Vedení firmy, reprezentované tehdy Martinem Romanem, nic nenamítalo a pozemky pod továrnou prodalo městu. (Škoda Klatovy vlastnila pouze vnitřní vybavení továrny.) Zbytek pozemků byl později prodán firmám Tesco a OBI.

21 [3] Dobrý den pane Skálo.

22 Rád Vám pomohu s Vaším projektem, pokud to bude v mých možnostech. V době, kdy se prodávaly stroje z Škoda Klatovy, jsem pracoval pro firmu Feramat, která se zabývá nákupem a prodejem použitých strojů. V této firmě již nepracuji, ale zůstal jsem v tomto oboru. V Klatovech firma Feramat koupila vodorovnou vyvrtávačku WHN 13.8 a karusel Titan SC 27. Vodorovná vyvrtávačka WHN 13.8 prošla opravou a chvíli pracovala pro potřeby firmy Feramat, poté však byla prodána a o jejím dalším osudu víc nevím, mám nějaké fotky, které Vám posílám. Karusel Titan SC 27 prošel též opravou a poté byl prodán, myslím firmě MOPOS Olomouc (Moravské potravinářské strojírny), ale nevím zcela určitě. Fotky karuselu po opravě nemám. Co mám za fotky, to Vám posílám.
S pozdravem,
Jan Lizec

Karusel neboli svislý soustruh je obráběcí stroj. Používá se k výrobě rozměrných obrobků s velkým průměrem, kterých není možné na horizontálních soustruzích docílit.

[3] E-mailová komunikace s Janem Lizcem, 2. prosince 2008.

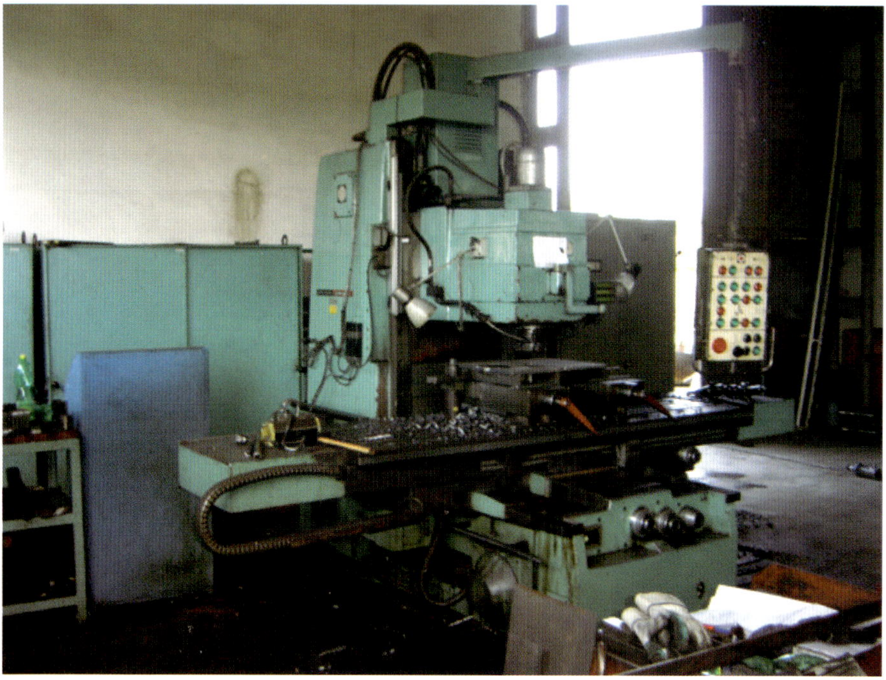

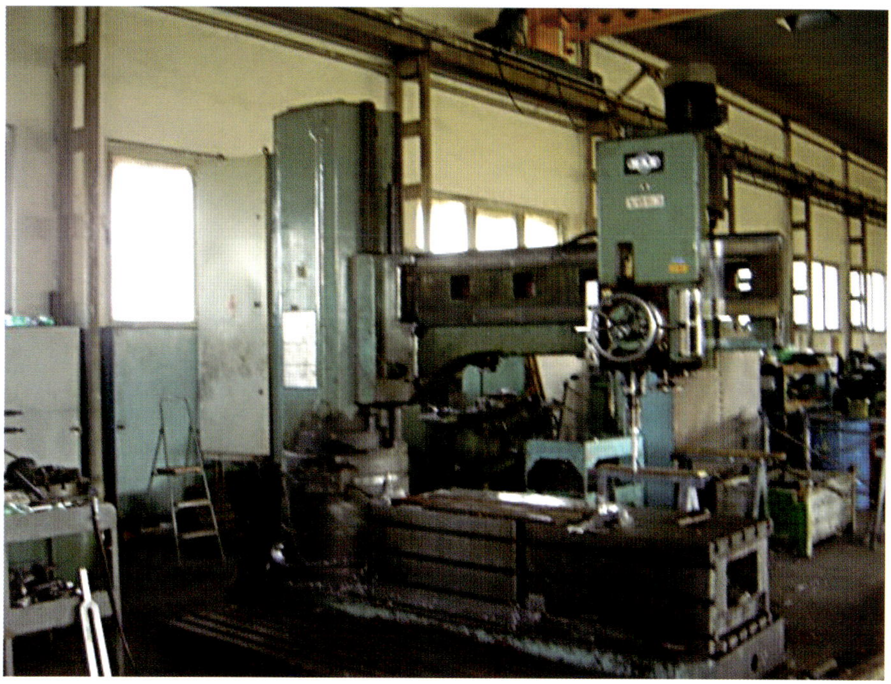

the inability of its management to transform the company, to find new markets after the main customer, the Russian market, collapsed." (I recalled the large wooden boxes piled up between the manufacturing halls of the factory at the start of the 1990s. Some of them were already falling apart and in their guts one could get a glance of parts of metal objects painted red. My parents always claimed that it was an order of machines manufactured some time during the 1980s for the Soviet Union that was never paid for and sent.) I was sure—I trusted my own memories and the generally accepted view on the collapse of heavy industry throughout Central and Eastern Europe.

Although he tried to put on his poker face, it was clear that my question had touched a nerve. He did not agree with me, in particular with my notion that until the end of the 1980s Škoda Klatovy was dependent on the Soviet market. As early as the mid-1980s they regularly worked in partnership with a company from West Germany which manufactured its products in Škoda Klatovy at a much lower cost than making them in the Federal Republic of Germany (West Germany). This lasted for about ten years, until the mid-1990s when the situation was no longer sustainable. Back then, Škoda's management offered the German firm a stake in the company, hoping to receive a higher share of the profits. The proposal was turned down, leading to an end of the joint venture and the company was left to rely purely on the abilities of its own management. That does not mean that those ten years had been squandered by assembling foreign products for a minimum price. The company's designers had learnt to work with new technologies, perfecting the precise distribution of heat throughout the furnace which contributes to the quality of the manufactured metals. He himself later met the management of the German company on several other occasions, but this time as a competitor. During the following ten years the company tottered on the verge of bankruptcy, until bankruptcy proceedings began in 2000. Company finances gradually stabilized under the supervision of the bankruptcy administrator. By that time Troch was the director of the company. He glossed over this period with just a few sentences, nothing more.

According to Troch, the real reason for the company's demise was not the incompetence of the management, but hostility on the part of the Mayor's Office. Since the start of the 1990s, it had tried to promote the city as a tourist destination and the factory located on the outskirts of the historic centre was seen as an unsightly blot on the cityscape. The animosity was so obvious that when a Swedish client of Škoda Klatovy asked the mayor whether he was proud of a company with such an extensive and important history, he answered that the city no longer considered the company part of its future development plan. It all began when Vladimír Troch refused to sell some of the company's

Vodorovná vyvrtávačka je univerzální obráběcí stroj. Umí provádět řadu operací: vrtání, frézování, soustružení atd.

[4] Dobrý den, v příloze Vám zasílám fotografie strojů z bývalé Škoda Klatovy.
S pozdravem,
Lubomír Prokop

Zakružovačka plechu je tvarovací stroj určený k výrobě rozsáhlé palety dílců jako trubky, kužele atd. Tři podlouhlé válce, poháněné ručně nebo strojně, vytvářejí pravidelný tlak na materiál. Dochází tak k deformaci plechu do požadovaného tvaru. Spodní zadní válec je zpravidla vybaven drážkami pro zakružování kulatiny.

Tříválcová skružovačka plechu je tvarovací stroj, který slouží k ohýbání materiálu do nepravidelného kuželovitého tvaru v závislosti na různém sklonu a poloze jednotlivých válců proti sobě. Dochází tak k požadované deformaci materiálu.

Pálicí stroj spadá do kategorie obráběcích strojů. K oddělení materiálu dochází za vysoké teploty. Hořáky plněné vysoce hořlavým plynem vypalují do materiálu určitý, předem daný tvar. Pohyb hořáků se uskutečňuje v obou směrech. Proces výroby je kontrolován počítačem.

Dvacátého ledna dva tisíce devět, Přeštice, komplex hal a panelových domů. Na protější straně silnice jsou tmavě hnědé brázdy vyhřezlé hlíny, pokryté bílou námrazou. Vedle vjezdu nápis KV Steel a několik dalších jmen – pravděpodobně firmy, které zde také sídlí. Nahlašuji se na vrátnici a mířím přes prostranství vymezené čtverci betonových panelů k nejbližšímu domu, administrativní části KV Steel. Vcházím dovnitř, hledám dveře se jmenovkou „Lubomír Prokop". Před několika měsíci mi poslal fotografie strojů, které si KV Steel odkoupila od Škodovky. Jsou tak špatné, že jsem se rozhodl ho navštívit a přesvědčit k novému focení. Štítek s jeho jménem je na konci chodby. Klepu, na vyzvání vcházím, zdravím se s mužem uvnitř, je to on. Připomínám mu náš telefonát z minulého týdne. Na to vytahuje ze šuplíku u stolu fotoaparát a z věšáku si bere zimní bundu. Musíme se přemístit do výrobní haly, která je vzdálená několik stovek metrů. Stroje jsou umístěny po obou stranách obvodových zdí. Začíná fotit, po několika zmáčknutích spouště mi ukazuje

[4] E-mailová komunikace s Lubomírem Prokopem, 2. prosince 2008.

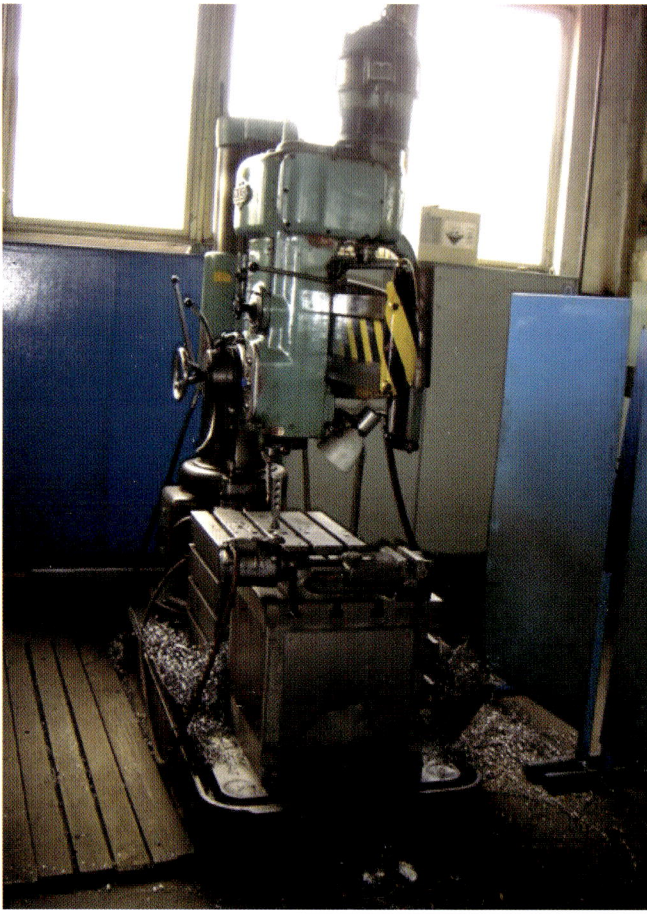

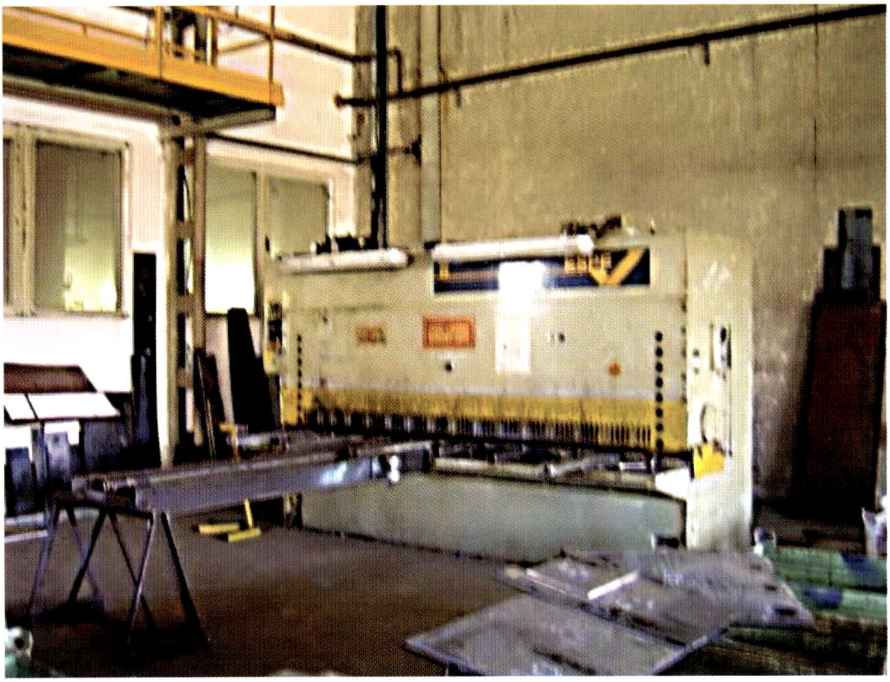

33

land to the firm Lidl. The following day the mayor called him to intercede on behalf of the company; once again he refused to sell. Lidl and the city officials then probably turned to the actual owner of the company, Škoda Holding. The management of Škoda Holding, back then represented by Martin Roman, had no objections and sold the land below the factory to the city (Škoda Klatovy only owned the equipment inside the factory). The rest of the land was sold to Tesco and OBI.

21 [3] Dear Mr. Skála,
22 I'd be glad to assist you with your project in any way that I can. At the time when the machines from Škoda Klatovy were sold, I was working for the company Feramat which buys and sells used machinery. I'm no longer employed with this company, although I still work in this field. In Klatovy, Feramat purchased a WHN 13.8 horizontal boring and milling machine and a Karusel Titan SC 27 double-frame vertical lathe. The WHN 13.8 horizontal boring and milling machine was repaired and for a while used by Feramat, but then it was sold on and I don't know anything about what happened to it next; I have some photographs of it which I'm sending you. The Karusel Titan SC 27 double-frame vertical lathe also underwent repairs and was then sold, I believe to MOPOS Olomouc (Moravian Food Processing Machine Works), but I'm not absolutely certain. I don't have any photographs of the double-frame vertical lathe after it was repaired. I'm sending you all the photographs I have. Best regards,
Jan Lizec

A vertical lathe is a machine tool. It's used to process sizeable workpieces with a large diameter that cannot be processed on horizontal lathes.

A horizontal boring and milling machine is a multi-purpose machine tool. It is capable of performing a number of tasks: drilling, milling, lathing, etc.

23 [4] Hello, please find attached photographs of machines from
24 the former Škoda Klatovy.
25 With regards,
26 Lubomír Prokop
27
28
29
30
31
32

---

[3] Email correspondence with Jan Lizec, December 2, 2008.

fotografie. Hrozné. Pokouším se v menu zvýšit kvalitu snímků. „Proč má ten foťák tak nízké rozlišení?" ptám se. Na foťáku nic neměnil, nerozumí tomu.

„Takže v takovém rozlišení máte všechny fotografie? A co to šero?"

„No, většinou poprosím chlapy, aby mi to vynesli ven," odpovídá.

Rozhoduji se nic neměnit.

Druhého února, Hroznětín. Městečko na západě Čech, deset kilometrů od Karlových Varů.

Vystupuji z autobusu, po třech hodinách cesty a dvou přestupech. Hledám archiv, kde jsou dokumenty ze Škody Klatovy. Nechal je zde uložit správce konkurzní podstaty – inženýr Jan Klíma. Obrátil jsem se na něj na podzim a požádal ho o seznam lidí, kteří si ve Škodovce koupili nějaký stroj. Vyhověl mi a o několik dní později jsem od jeho asistenta dostal číslo na jednatele společnosti, která vlastní soukromý archiv v Hroznětíně. Venku je deset stupňů pod nulou, uvnitř je o něco lépe. Po obou stranách obvodových zdí stojí do výše pěti metrů regály plné písemností. Všímám si několika žen v zimním oblečení, s rukavicemi. Nejstarší mě odvádí k místu, kde jsou uloženy úřední spisy Škody Klatovy, na samý konec místnosti k poslední dvojici regálů, a ukazuje na deset europalet s lepenkovými krabicemi. Jsou plné šanonů. Každý je označen štítkem udávajícím obsah a datum. Prohlížím si je. Žena mi vysvětluje, že správce konkurzu si nepřeje jejich plnou archivaci – vytřídění šanonů a jejich založení do polic. Snažím se celý den najít nějakou stopu, a nic. Nic než běžný úřední materiál: zápisy ze schůzí, rozhodnutí vedení k nejrůznějším aktivitám podniku, ale žádný dokument o konkurzu a následném rozprodeji firmy. Tedy až na jednu věc. Nacházím reklamační zprávu o vyteklém oleji v přepravním kontejneru, který obsahoval tři průmyslové stroje. Je zde i informace o místu jejich dodání (přístav Veracruz) a kupci, jímž byla mexická firma Maquitos. Po konzultaci s vedoucí archivu a na základě seznamu všech spisů mi dochází, že jsem byl do archivu poslán zbytečně. Konkurz společnosti nebyl ještě ukončen. Správce konkurzní podstaty musí mít všechny úřední dokumenty o prodeji majetku továrny stále u sebe.

[5] 9.12.2002 Škoda Klatovy, s.r.o., v konkurzu.

22.6.2005 začalo bourání některých budov (místo pro stavbu Lidl): lehká, malá obrobna. Následovala technologie, kuchyně, panelák (nová administrativní budova). Další budovy zůstávají, podnik dále vyrábí.

Lidl otevřen 8.12.2005.

Ke konci roku 2005 Škoda Klatovy zaniká.

Počátek roku 2006 správce konkurzní podstaty zaměstnává jen úzký počet pracovníků (le-

---

[5] http://www.skodaklatovy.estranky.cz; Úvod; 30. srpna 2009.

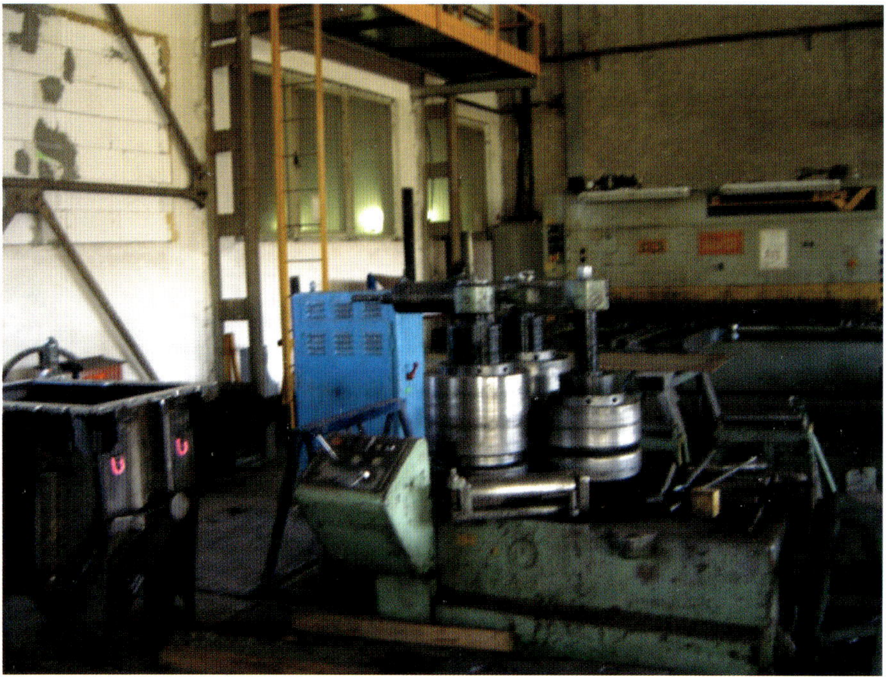

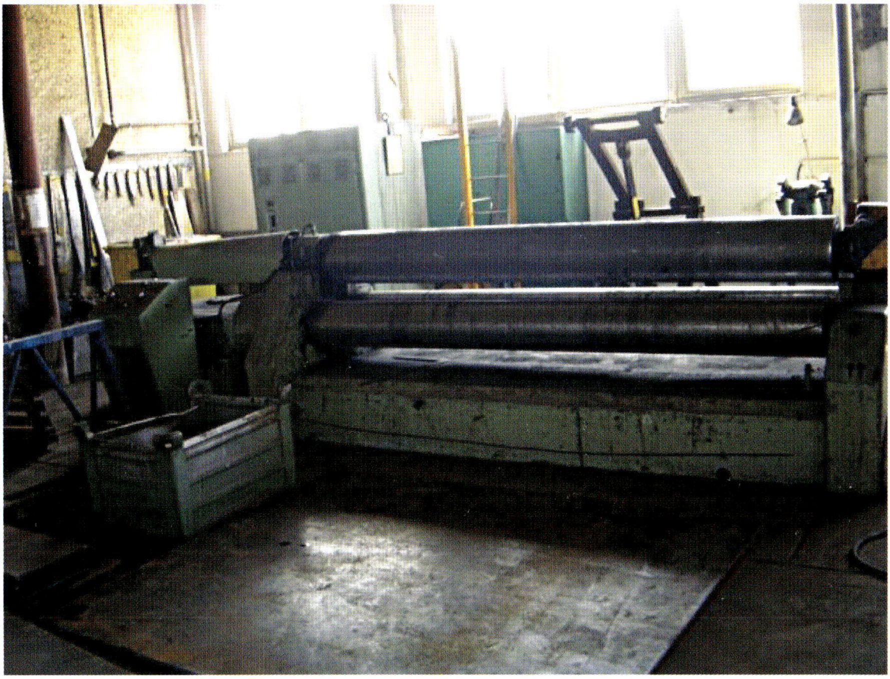

35

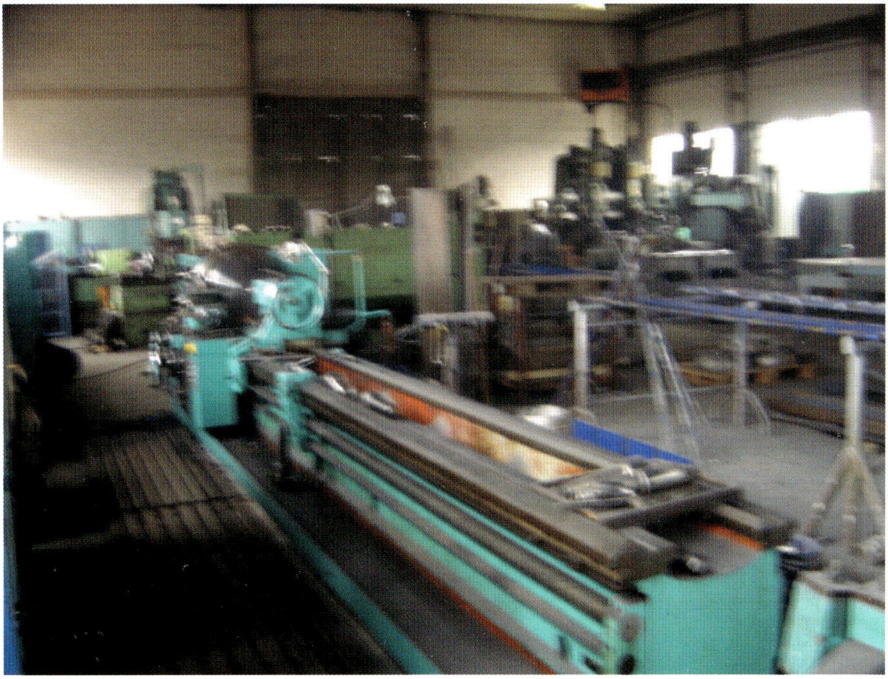

36

33
34
35

A sheet metal rolling mill is a forming machine tool for the production of a wide range of parts such as pipes, cones, etc. Three elongated rollers, manually or power driven, apply steady pressure to the material. The sheet metal is thus deformed to the required shape. The lower and back rollers usually have grooves for bending the workpiece.

A three-roll rolling mill is a forming machine tool for the bending of materials into an irregular cone shape; by adjusting the slope and position of the different rolls. The material is deformed as required.

A flame cutting coping machine falls within the category of machine tools. It separates materials under high temperatures. A certain prespecified shape is cut into the material using highly flammable fuel torches. The torches move in two directions. The fabrication process is computer controlled.

36 January the twentieth, two thousand and nine. Přeštice,
37 a complex of factory halls and concrete housing. On the other side
38 of the road there is a field with dark brown furrows of churned
39 up earth coated with white hoar frost. Next to the entrance
40 the sign says KV Steel and several other names—probably those
41 of other companies that have offices here. I announce my arrival
42 at the gatehouse and head across the courtyard panelled with
43 squares of concrete to the nearest building, the administrative
44 department of KV Steel. I go in, looking for a door with the name
45 Lubomír Prokop. Several months ago he sent me photographs of
46 machines that KV Steel had purchased from Škoda. The quality
47 is so poor that I decided to visit the company again to try
48 to convince him to take new photos. The label with his name is at the end of the corridor. I knock on the door and walk in when called, I greet the man inside; it's him. I remind him of our phone conversation from last week. In response he takes a camera out of one of the drawers in his desk and a winter jacket off the coatrack; we have to go to the production hall which is several hundred meters away. The machines are located along both of the perimeter walls. He starts to take photographs; after pressing the shutter button several times he shows me the pictures. Awful. I try to increase the quality of the pictures by changing the settings. "Why does the camera have such low resolution?" I ask. He hasn't changed any of the settings; he doesn't know how it works.

---

[4] Email correspondence with Lubomír Prokop, December 2, 2008.

den – asi 20 lidí pracujících na likvidaci podniku). Výroba a někteří zaměstnanci se přesunuli do Přeštic. Zde na tradici Škody Klatovy navázal podnik KV Steel. Společnost KV Steel, s.r.o., se stala v březnu 2006 jediným majitelem zejména movitého majetku společnosti Škoda Klatovy, s.r.o.

19.1.2007 v pátek se začíná bourat zbytek areálu: nejdříve budova rozvaděčů – mezisklad – zkušebna.

Počátkem července 2007 je hotovo. Bourací četa odjíždí, v areálu zůstává rozdrcená hromada betonu, zbouraný areál („staveniště") hlídá bezpečnostní agentura, v areálu bývalého podniku zůstávají pouze samostatné dílny Integrované střední školy.

V druhé polovině roku 2008 se začalo stavět nové obchodní centrum Škodovka.

V roce 2009 začíná provoz obchodů. OBI se otvírá 19.3.2009 a Tesco 7.5.2009.

49 Šestého února dva tisíce devět, Klatovy. Poslední budova z celého komplexu továrny, jež nebyla zdemolována: Integrovaná střední škola. Učiliště, kde jsem se vyučil.

Nízká budova se sedlovou střechou. Vždy mi připomínala spíše část statku než tovární halu. Před vchodem je závora, příjezd k novému nákupnímu centru. Máma s tátou mi představují vedoucího střediska. Pamatuji si ho z doby, kdy jsem tu studoval. Focení strojů není problém, ale sám nevlastní fotoaparát, posílá mě proto za Janem Slámou. Ten je nadšen a okamžitě odchází pro fotoaparát a fotí stroj z několika úhlů. Jsou to mechanické nůžky, které si škola zakoupila před třemi lety od Karla Květoně. Slibuje, že mi snímky pošle elektronickou cestou. Venku si prohlížím staveniště. Nové budovy Tesco a OBI jsou před dokončením. Na čerstvém asfaltu svítí bílé linie parkovacích míst, která jsou již plná aut. Vedoucí střediska vypráví rodičům o posledních dnech závodu – zábavné historky o společných známých, kteří se po nocích vkrádali do uzavřeného komplexu Škody Klatovy. Ze zimní bundy vytahuji digitální fotoaparát a fotím si dominantu nového komplexu, desetimetrovou konstrukci s nápisem Centrum Škodovka.

50 Devátého února, Praha. Meet Factory, sedím za stolem, přede mnou počítač. Na ploše monitoru svítí bílý obdélník se seznamem asi desítky strojírenských a zámečnických firem z Hranic na Moravě: BADEN, DAKR, Aura – engineering Hranice, CEMPRO, ELLAN Hranice, KRESPO, Strojírny Olšovec, Petr Dresler, Eduard Hlaváč.

Při poslední návštěvě KV Steel mě oslovilo několik dělníků a od jednoho z nich jsem se dozvěděl, že vodorovnou vyvrtávačku, kterou hledám, koupila firma v Hranicích na Moravě.

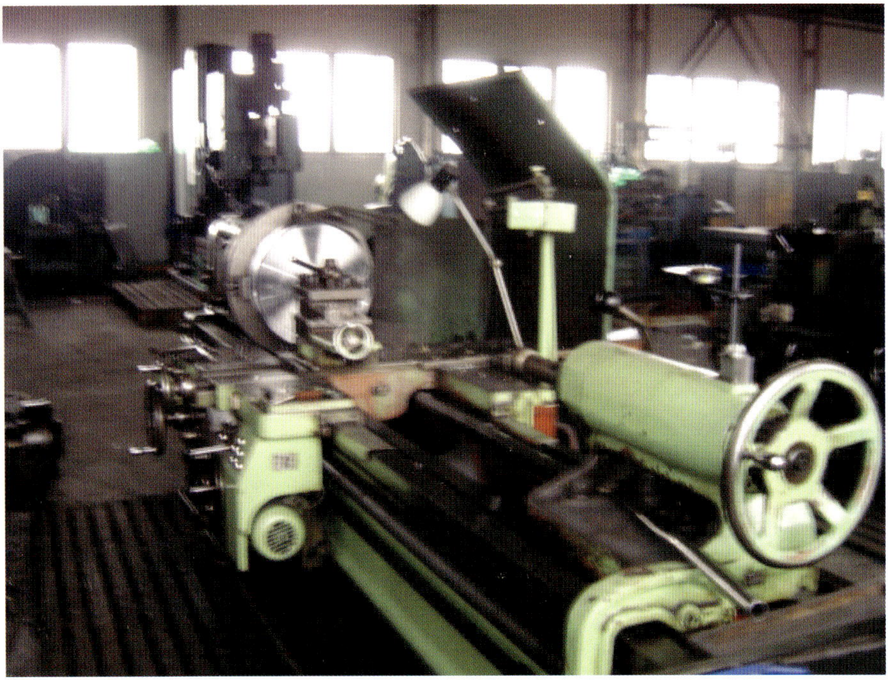

37

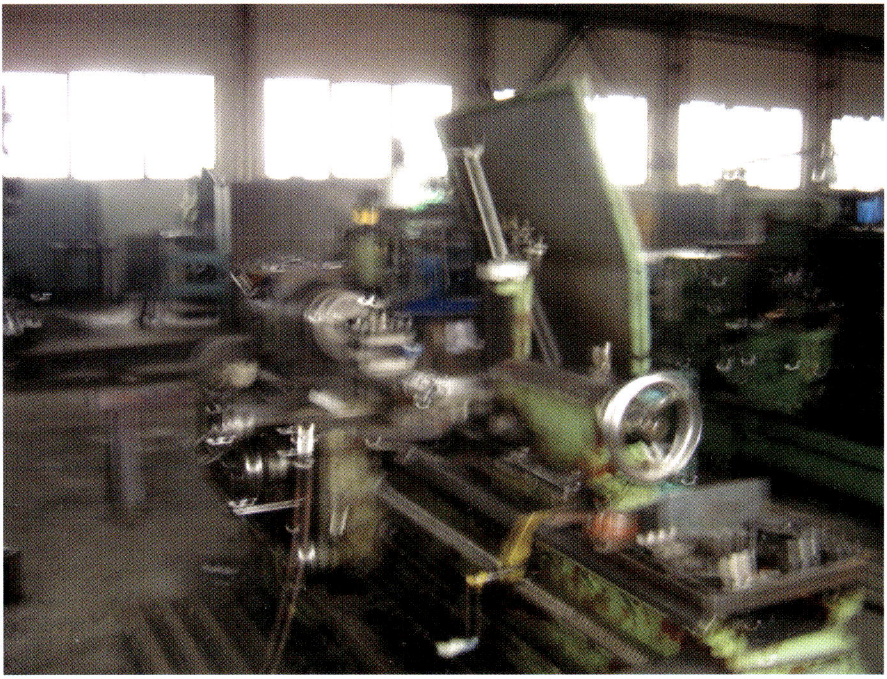

"So is this the resolution of all your photos? And what about the lack of light?"

"Well, I mostly get the men to carry the machines outside for me," he answers.

I decide to leave things as they are.

February the second, Hroznětín. A little town in Western Bohemia, ten kilometers from Karlovy Vary. I get off the bus after a journey lasting three hours and requiring two transfers. I'm looking for the archive which holds documents from Škoda Klatovy. Jan Klíma, the administrator of the assets in bankruptcy, had them put in storage here. In the autumn I returned to him with a request for a full list of those individuals that had purchased industrial machines from Škoda Klatovy. He agreed and a few days later his assistant provided me with a number for the legal representative of the company that owns the private archive in Hroznětín. Outside it's minus ten, inside it's a bit warmer. Both of the perimeter walls are lined with five-meter high shelves packed with documents. I notice several women wearing winter jackets and gloves. The oldest woman takes me to where the official documents of Škoda Klatovy are deposited, at the very end of the room, the last two sets of shelves. She points to ten pallets with cardboard boxes; they're packed with files. Each file has a label indicating the content and date. I sift through them. The woman explains that the bankruptcy administrator did not wish to have them fully archived—sorted and placed on the shelves. I spend the entire day looking for any kind of clue, with no result. Nothing more than the usual administrative papers: minutes of meetings, management decisions concerning various company activities, but not a single document concerning bankruptcy and the subsequent selling off of company assets. Except for one thing. I found a complaint report about an oil leak in a transport container with three machines. It also included information about the place of delivery (the port of Veracruz) and the buyer, which was the Mexican company Maquitos. After consulting with the head of the archive and going through a list of all the documents from Škoda Klatovy, I start to realize that I'd been sent to the archive for no reason. The bankruptcy proceedings had not yet been closed. The administrator of the company assets still had to have all the official documents concerning the sale of the factory assets in his office.

[5] December the ninth, 2002—Škoda Klatovy s.r.o. declared bankrupt. June the twenty-second, 2005—demolition of some buildings begins (to make room for the construction of Lidl): the light machinery building, the small machinery building, the lathing workshop. Next to go are the technology workshop, the kitchen, the new administrative building. Other buildings remain, the company continues to manufacture.

---

[5] http://www.skodaklatovy.estranky.cz; Úvod; August 30, 2009.

Je sice zdlouhavé telefonovat a ptát se každého majitele nebo jednatelů na strojní vybavení jejich firmy, jestli nezakoupili od společnosti Feramat ten a ten stroj, ale nic jiného mi nezbývá. Získat potřebné informace od správce konkurzní podstaty se mi zatím nepodařilo. Musím se spoléhat na ústní informace a prověřovat je. Od jednatele firmy Strojírny Olšovec jsem dostal tip na firmu Steel Max, která v mém seznamu chybí. Mezi fotografiemi na firemním webu nacházím vodorovnou vyvrtávačku s nápisem Feramat. Pamatuji si, co mi ten dělník řekl – že tenhle typ stroje, o téhle velikosti, je dost vzácný. Zavolal jsem na číslo z webové stráky. Po přepojení na jednatele firmy jsem se pokusil ověřit vyhledanou fotografii. Muž po necelé minutě, aniž mi dovolil dokončit několik prvních vět, položil telefon.

Šestnáctého února, Praha. Místnost je necelých osmnáct metrů veliká, u dveří je postel, naproti dva stoly, na každém počítač.

Jeden je můj, druhý mé přítelkyně. Jsou to výrobní prostředky výtvarného umělce a fotografky. Sedím a dívám se na monitor na máminu fotografii soustruhu. Vybral jsem si ji před rokem a půl jako pozadí obrazovky. Většinou ji nevidím celou, překrývají ji okna otevřených programů, přesto vím, že je stále zde.

Osmnáctého února, kancelář v průmyslovém komplexu na předměstí Klatov. Za stolem v malé místnosti sedí muž jménem Bogota, pracovník obchodního oddělení Škody Klatovy.

Pokouším se získat informace o místech, kde skončily stroje ze Škodovky – nic neví. Neměl dobré vztahy s vedením továrny, chtěl založit vlastní podnik, ale nedokázal se domluvit se správcem konkurzní podstaty. „Nic mi neprodali. Měl jsem fotografie všech strojů, které jsem chtěl koupit, ale nevím, co se s nimi stalo. Mohu ti však něco ukázat… přece jen jsem si něco vzal. Uvidíš." Odešel z místnosti a po několika minutách se vrátil s fotografií. „Tohle je zakladatel Škodovky, visela v hlavní zasedačce. Vzal jsem si ji, jako vzpomínku… to je jediná věc, co ze Škodovky mám."

Patnáctého března, dům mých rodičů. Přijel jsem na víkend, pozdravit rodiče a sestru.

Sedíme v kuchyni a máma mi dává plastové desky. Vytahuji z nich dva papíry, kresby půdorysů s různě velikými obdélníky a popiskami. „To je kompletní nákres Škodovky. Tady je velká a malá soustružna. Dále strojní údržba a kovárna. Na druhém papíře jsou jednotlivé montážní haly a velká obrobna," vysvětluje. Asi před měsícem jsem se o něco podobného pokusil sám, ale bez úspěchu. Nedokázal jsem si vzpomenout na přesné umístění tvarovacích strojů, třeba lisů a válců na skružování plechu

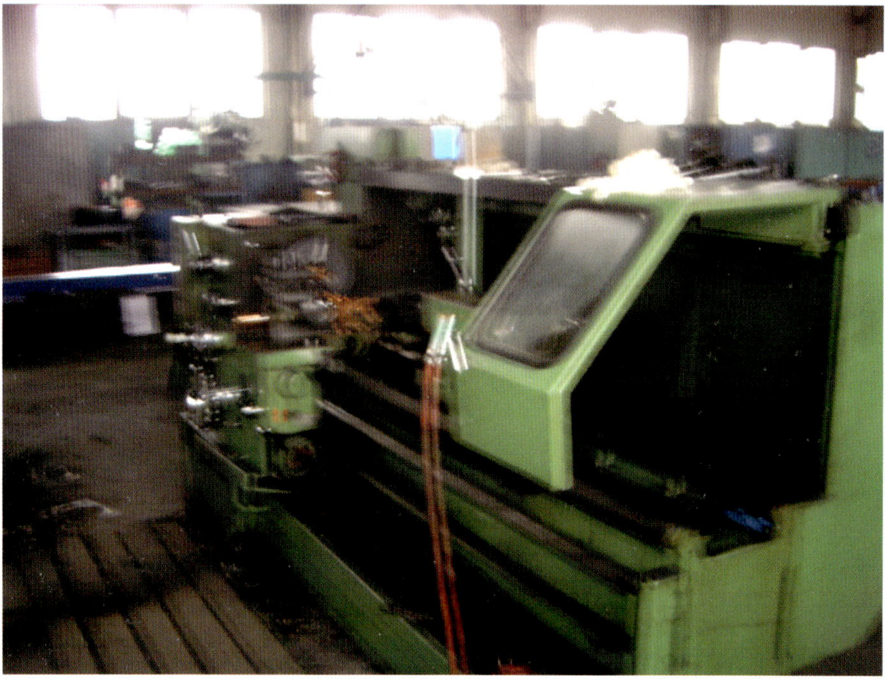

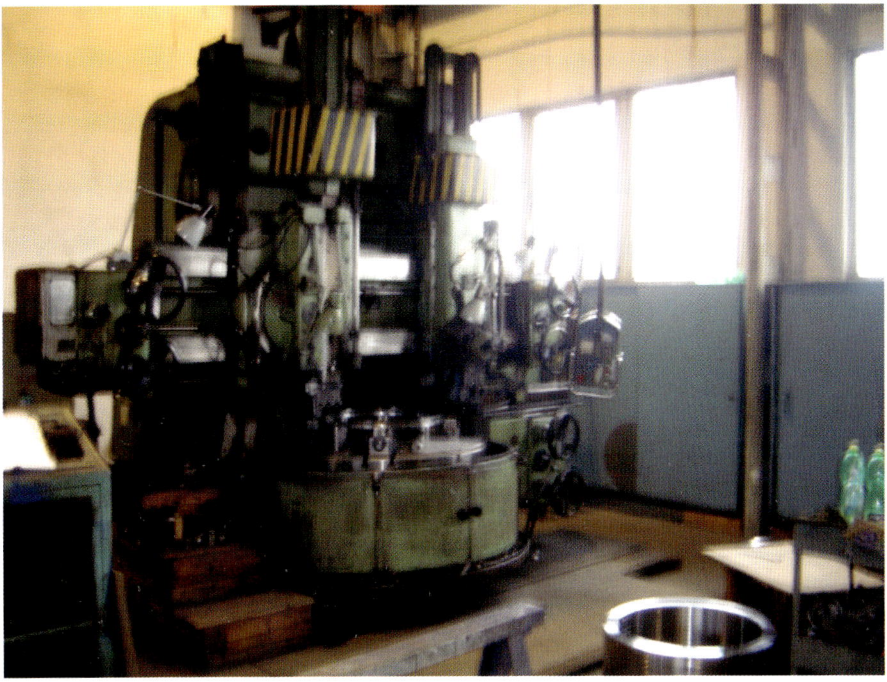

Lidl openes on December 8, 2005.

Škoda Klatovy ceases to exist towards the end of 2005.

At the beginning of 2006 the bankruptcy administrator keeps only a small group of employees (January—about 20 employees working on company liquidation). The original manufacture and some of the employees move to Přeštice. Here the tradition of Škoda Klatovy is carried on by KV Steel. In March 2006 KV Steel limited liability company becomes the sole owner of the assets (mostly movable) of Škoda Klatovy s.r.o.

On Friday January 19, 2007 the demolition of the remainder of the premises begins: first in line is the power distribution building, then the interim warehouse, after that the testing building.

By the beginning of July the demolition is complete. The demolition crew leaves, a pile of broken concrete remains on the site, the premises ("a building site") are guarded by private security guards, only the stand alone workshops of the Integrated Secondary School remain on the site of the former factory.

In the second half of 2008, construction of the new Škoda shopping center commences.

In 2009 the shops start to open for business. OBI opens on March 19, 2009, TESCO on May 7, 2009.

49 February the sixth, two thousand and nine, Klatovy. The Integrated Secondary School; the last building of the factory complex which hasn't been demolished. The institution where I was an apprentice. A low building with a double-sloping roof. It always reminded me more of a farm building than a factory facility. There's a barrier in front of the entrance, which leads to an access road to the new shopping centre. Mom and dad introduce me to the head of the training facility. I remember him from the time when I was in training here. He has no objections to pictures being taken of the machines, but he doesn't have a camera himself and sends me to see Jan Sláma. He's enthusiastic and immediately goes to get his camera and takes pictures from several angles of the machine—mechanical cutters that the school purchased from Karel Květoň three years ago. He promises to send me the pictures by email. Outside I examine the building site. The new Tesco and OBI buildings are almost finished. The white lines of parking spaces shine brightly on the fresh tarmac; there are plenty of cars parked there already. The head of the training facility is telling my parents about the final days of the factory—amusing stories about mutual acquaintances who'd sneaked into the closed off Škoda Klatovy premises during the night. I take a digital camera out of my winter jacket and take a picture of the dominant feature of

v montážních halách. Přece jen, ve fabrice jsem strávil pouze půl roku praxe, a to před patnácti lety. Máma je na tom lépe, většinu života pracovala ve strojní údržbě a několik posledních let rozvážela chladicí kapalinu po celém továrním komplexu.

Dívám se na ty kresby; možná jsou klíčem, k něčemu, co jsem dosud nechtěl vidět, přiznat si. Nenakreslila mi je proto, že jsem ji o to požádal, ale dobrovolně, ze své vůle. Jsem si jist, že to udělala hlavně proto, aby mi pomohla. Možná ale, že chce zachytit něco, co je pryč. Továrna je zbouraná, spolupracovníci jsou pryč. Zbyl pouze soustruh ve stáji. Zároveň se začímám obávat toho, jak budou rodiče reagovat na to, co jsem s jejich minulostí provedl. To se však dozvím až na konci, až tahle knížka vyjde a oni si ji přečtou. Přesto se hodí – myslím ty kresby. Konečně vím, kolik strojů mám hledat. Dělám si seznam a přeškrtávám ty, které jsou již nafoceny:

~~univerzální soustruh~~,
~~univerzální soustruh~~,
~~univerzální soustruh~~,
~~univerzální soustruh~~,
~~univerzální soustruh~~,
~~univerzální soustruh~~,
~~univerzální soustruh~~,
~~univerzální soustruh~~,
~~univerzální soustruh~~,
~~univerzální soustruh~~,
~~univerzální soustruh~~,
univerzální soustruh,
univerzální soustruh,
univerzální soustruh,
univerzální soustruh,
univerzální soustruh,
univerzální soustruh,
univerzální soustruh,
univerzální soustruh,
univerzální soustruh,
univerzální soustruh,
univerzální soustruh,
univerzální soustruh,
automatický soustruh,
automatický soustruh,
automatický soustruh,
~~karusel~~,
~~karusel~~,
~~vodorovná vyvrtávačka~~,
~~vodorovná vyvrtávačka~~,
~~vodorovná vyvrtávačka~~,
~~vodorovná vyvrtávačka~~,
vodorovná vyvrtávačka,
vodorovná vyvrtávačka,
~~frézka~~,
~~frézka~~,
~~frézka~~,
frézka,
frézka,
frézka,
frézka,
~~vrtačka~~,
~~vrtačka~~,
~~vrtačka~~,
~~vrtačka~~,
~~vrtačka~~,
vrtačka,
vrtačka,
vrtačka,
vrtačka,
vrtačka,
vrtačka,
vrtačka,
vrtačka,
vrtačka,
vrtačka,
vrtačka,
vrtačka,

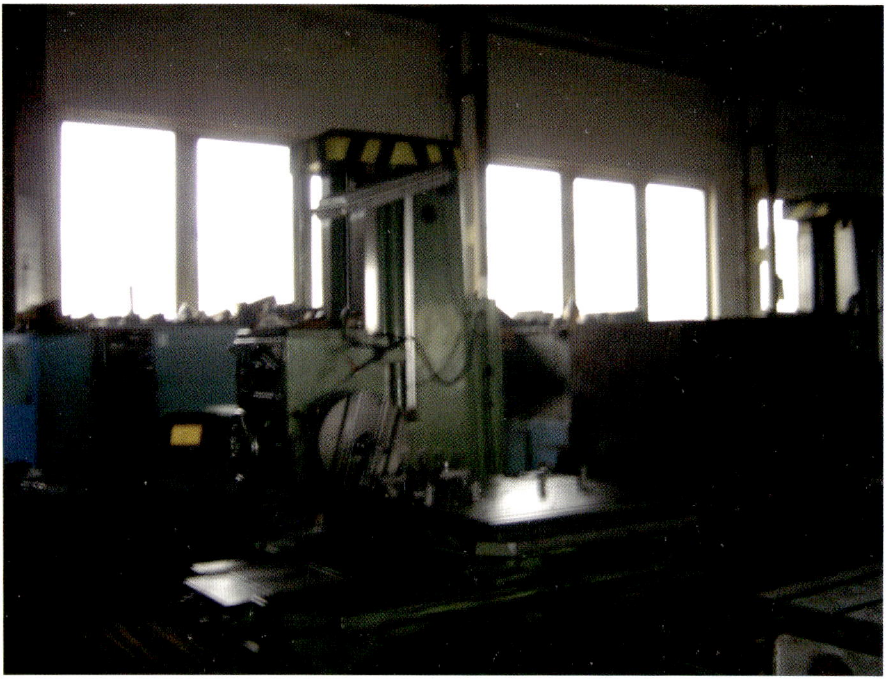

41

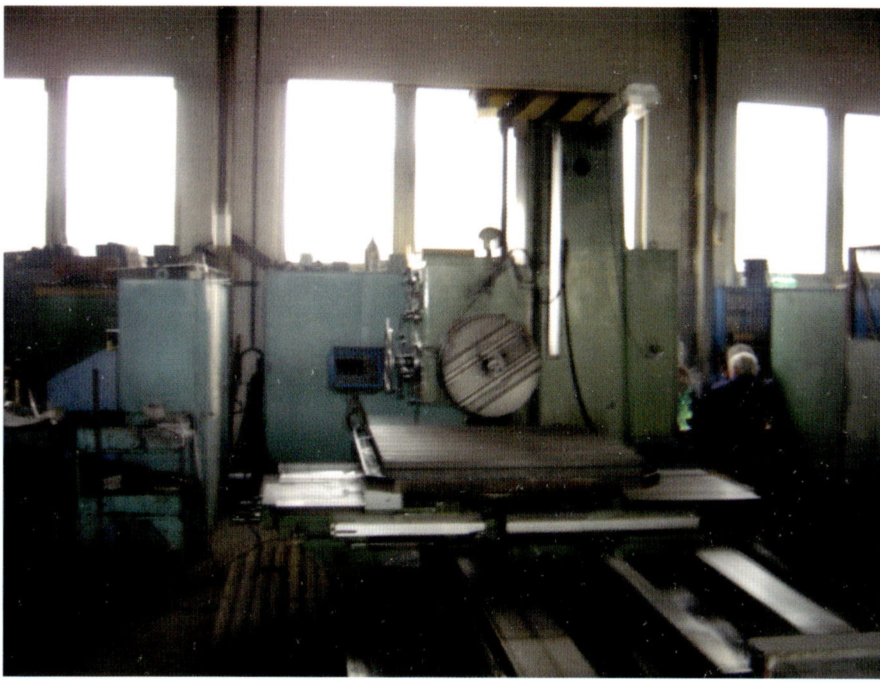

the new complex: a ten meter structure with the sign Centrum Škodovka.

50 February the ninth, Prague. At the Meet Factory; I'm sitting at a desk, there's a computer in front of me. There's a shiny white rectangle on the screen with a list of about ten engineering and machining companies from Hranice in Moravia: BADEN, DAKR, AURA–engineering Hranice, CEMPRO, ELLAN Hranice, KRESPO, Strojírny Olšovec, Petr Dresler, Eduard Hlaváč. When I last visited KV Steel, several workers spoke to me and one of them told me that the horizontal boring and milling machine which I was looking for had been purchased by a company from Hranice in Moravia. Although it's somewhat time consuming to phone each company, asking the owners or representatives about the machine tools in their stock—whether they hadn't purchased such and such machine from the company Feramat, but there's nothing else I can do. My attempts at getting the required information from the bankruptcy administrator have so far been unsuccessful. I have to rely on word of mouth info and try to verify it. I got a tip from the representative of the company Strojírny Olšovec for a company called Steel Max, which is not on my list. Among the photographs on the company website I find a horizontal boring and milling machine with the label Feramat. I remember what one of the workers from KV Steel told me—this kind of machine tool is quite rare. I called the number given on the website. After being redirected to the legal representative of the company I tried to verify that the machine on the photograph was the one I was looking for. After less than a minute—without allowing me to finish my few introductory sentences—the man hung up.

February the sixteenth, Prague. A room of not more than 18 square meters, a bed by the door, two tables opposite, a computer on each of them. One of them is mine; the other belongs to my girlfriend. These are the means of production of a visual artist and a photographer. I'm sitting down, looking at the monitor, at my mother's photograph of the lathe. A year and a half ago I selected it as the background for my monitor. Mostly I don't see it in its entirety, it's obscured by the windows of open programs, but even so I know it's still there.

February the eighteenth, an office in an industrial complex on the outskirts of Klatovy. A man by the name of Bogota, an ex-employee of the trading department of Škoda Klatovy, sits behind a desk in a small room. I'm trying to obtain information about where the machines from Škoda ended up—he doesn't know anything. His relations with company

vrtačka,
~~multifunkční nástrojová bruska~~,
~~multifunkční nástrojová bruska~~,
~~multifunkční nástrojová bruska~~,
multifunkční nástrojová bruska,
multifunkční nástrojová bruska,
multifunkční nástrojová bruska,
multifunkční nástrojová bruska,
multifunkční nástrojová bruska,
multifunkční nástrojová bruska,
multifunkční nástrojová bruska,
multifunkční nástrojová bruska,
multifunkční nástrojová bruska,
multifunkční nástrojová bruska,
multifunkční nástrojová bruska,
srovnávačka,
srovnávačka,
nožíky na stříhání plechu,
nožíky na stříhání plechu,
nožíky na stříhání plechu,
~~lis~~,
lis,
lis,
lis,
lis,
pila na železo,
pila na železo,
pila na železo,
pila na železo,
pila na železo,
ohraňovačka,
~~válec na skružování plechu~~,
válec na skružování plechu,
válec na skružování plechu,
~~zakružovačka plechu~~,
zakružovačka plechu,
tryskací stroj,
svářecí automat,
bodová svářečka,
~~pálicí stroj~~,
kovářský lis,
buchar,
kalicí pec,
kalicí pec,
dřevoobráběcí stroj,
dřevoobráběcí stroj,
dřevoobráběcí stroj,
dřevoobráběcí stroj,
dřevoobráběcí stroj.

Duben. Praha, Smíchov.

Obvolávám společnosti a jednotlivce ze seznamu, který jsem před měsícem získal od účetního Jana Klímy, správce konkurzního řízení. Jsou zde uvedeni všichni, kdo v roce dva tisíce pět a dva tisíce šest zaplatili továrně částku nad padesát tisíc korun.

Nacházím mezi nimi také čtyři pány, které jsem navštívil v roce dva tisíce sedm: Boublík, Kadlec, Květoň, Krátký. Dále tři společnosti nebo firmy, které se mi nedaří identifikovat: Radíková, Stavbytel, Vilvet. Obdržel jsem pouze jména, žádné adresy nebo telefony.

Jedna osoba a dvě společnosti si od Škody Klatovy nic nekoupily: Janča, Heberlain, VSB Mont. Jednatel společnosti Ferro Spech mi položil hovor. Firma Mutmannesmann odkoupila materiál, ne stroje.

Trhy kovového odpadu – sběrné suroviny. Muž na druhé straně telefonu si nepamatuje, jaké stroje firma koupila a následně sešrotovala. „Bylo toho velké množství. Lidé tady čekali a vykupovali je. Za pár korun tak dostali obstojnou mašinu. Určitě jsme ale koupili spoustu starého šrotu. Jo, a taky jeřáby, s nosností nad deset tun. Přesný počet všeho vám ale neřeknu, záznamy o tom si nevedeme. Platíme za kila."

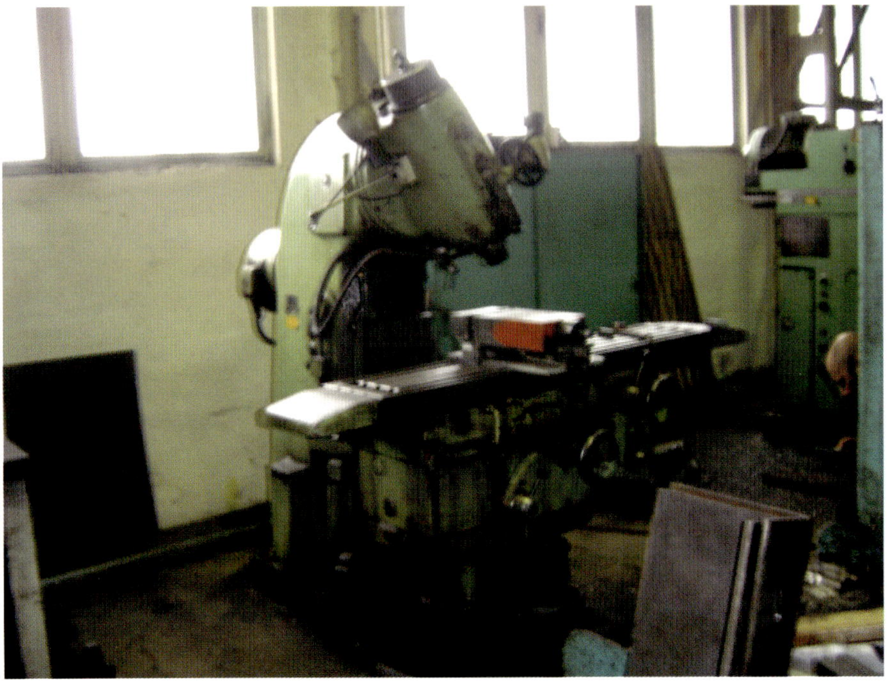

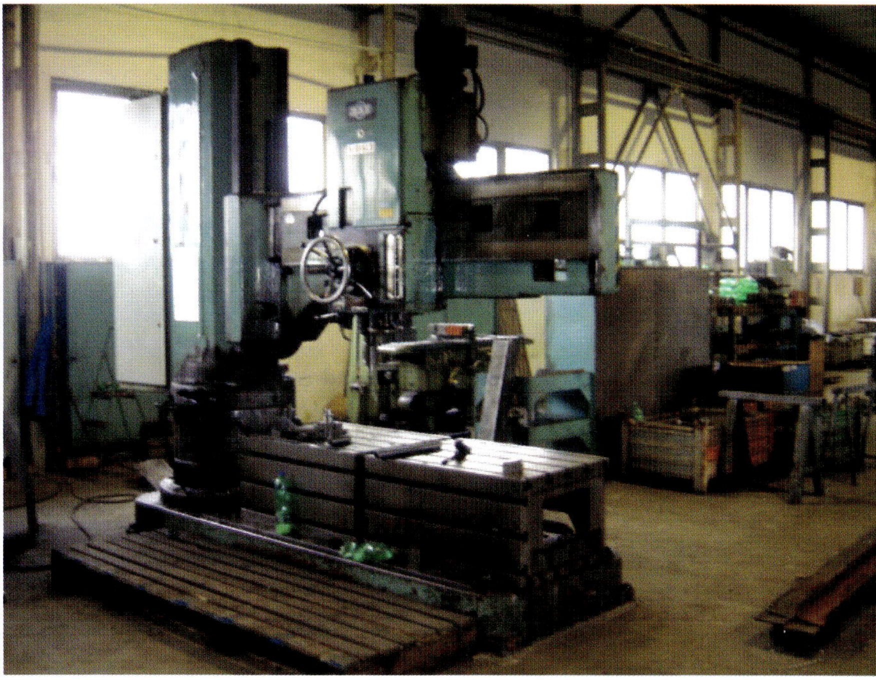

44

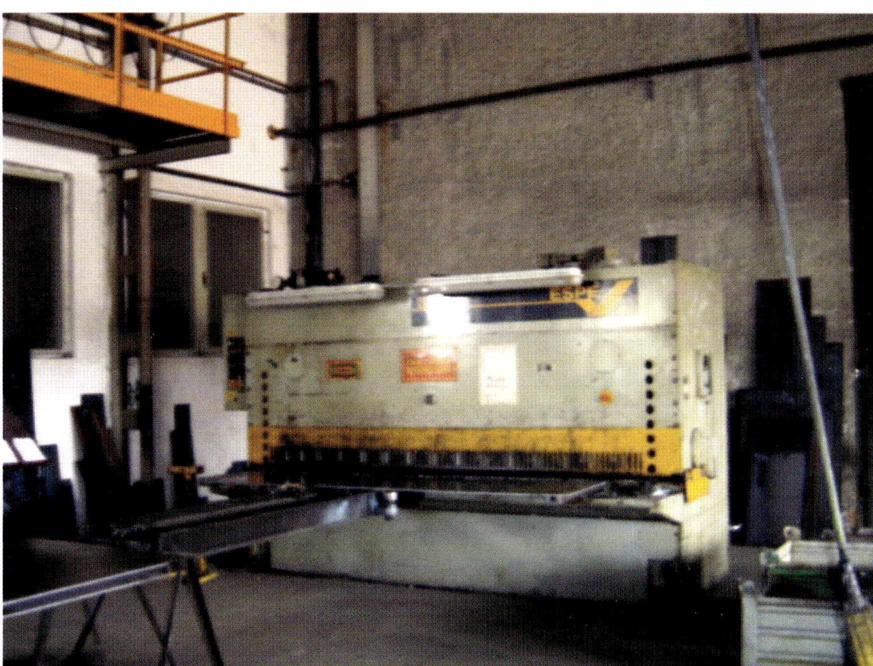

45

management weren't good; he'd wanted to set up his own company but was unable to reach an agreement with the bankruptcy administrator. "They didn't sell me anything, I had photographs of all the machines I wanted to purchase, but I don't know what happened to them. But I can show you something… I did keep something, after all. You'll see." He left the room and came back a few minutes later with a photograph. "This is the founder of Škoda, it used to hang on the wall in the main boardroom. I took it as a souvenir… it's the only thing I have from Škoda."

March the fifteenth, my parents' house. I've come for the weekend, to see my parents and sister. We're sitting in the kitchen and my mother is handing me a document in plastic covers. I take out two papers, floor plans with variously sized rectangles and labels. "This is the full floor plan of the entire Škoda plant. Here's the large turning workshop, and this is the small one. Then there's maintenance and the forge. On the other paper there are the assembly halls and the large machining hall," she explains. About a month ago I tried to draw something similar myself but didn't get very far. I couldn't remember the exact locations of the forming machine tools, such as presses and rollers for bending sheet metal in the assembly halls. But then again, I had only spent half a year of my training in the factory itself and that was 15 years ago. Mom is in a better position; she worked in machine maintenance for most of her life and during her last few years she transported cooling liquid around the entire factory complex. I'm looking at the drawings; perhaps they are a key to something, something that I hadn't wanted to see, to admit to myself.

She didn't draw them because I'd asked her to, she did so voluntarily, on her own initiative. I'm sure the main reason she did it was to help me out. But maybe she wants to record something that no longer exists. The factory has been demolished, her co-workers have gone. At the same time I'm becoming apprehensive about how my parents will react to what I've done with their past.

They are useful, though—the drawings I mean. Finally I know how many machine tools I need to look for. I write down the different types and cross off those that I already have photographs of.

~~multi-purpose lathe~~, ~~multi-purpose lathe~~, ~~multi-purpose lathe~~, ~~multi-purpose lathe~~, ~~multi-purpose lathe~~, ~~multi-purpose lathe~~, ~~multi-purpose lathe~~, ~~multi-purpose lathe~~, ~~multi-purpose lathe~~, ~~multi-purpose lathe~~, ~~multi-purpose lathe~~, multi-purpose lathe, multi-purpose lathe, multi-purpose lathe, multi-purpose lathe, multi-purpose lathe, multi-purpose lathe, multi-purpose lathe, multi-purpose lathe, multi-purpose lathe, multi-purpose lathe, multi-purpose lathe, multi-purpose lathe, automatic lathes, automatic lathes, automatic lathes, ~~vertical lathe~~, ~~vertical lathe~~, ~~horizontal boring and milling machine~~, ~~horizontal boring~~

Další je Integrovaná střední škola. Dovolal jsem se na ekonomické oddělení školy, Marii Potužníkové. Slibuje mi, že pošle fotografie předmětů, které si od továrny odkoupili: „Máš štěstí, zrovna nedávno jsem vše nafotila. Škola se ze Škodovky definitivně stěhuje, bude se demolovat."

Poslední telefonát. Do firmy KVG Finance. Byla prostředníkem prodeje strojů ze Škody Klatovy do Mexika. Na stránkách společnosti jsem nalezl číslo mobilního telefonu. Prozváním ho… mužský hlas… představuji se a vysvětluji, proč… jsem přerušen… ví, o co jde… je překvapen… jak je možné, že o něm vím… rozhovor se vyostřuje… argumentuji, že informace jsem získal zákonně… Škoda Klatovy je stále v konkurzu… je nejistý a nechává mě několik minut mluvit, přesto trvá na svém… nemám se o stroje zajímat, jsou v Mexiku a pracují na nich místní dělníci… pokládá telefon.

51 [6] V příloze zasílám slíbené
52 fotografie. Z důvodu kapacity
53 zasílám fotografie jednot-
livě: odsavač průmyslový mobilní, odsavač stabilní, 3 kusy, nástroj na soustružení koulí.
Potužníková

Mobilní svářecí odsavač zajišťuje odvětrávání tepla a zdraví škodlivých zplodin vznikajících při sváření materiálu elektrickým obloukem. Odsavač se skládá z několika částí: odsávací roury a vlastního zařízení, které teplo a nebezpečný plyn odsává z místnosti. Kolečka umístěná na spodní část konstrukce dávají zařízení mobilitu.

Svářecí odsavač zajišťuje odvětrávání tepla a zdraví škodlivých zplodin vznikajících při sváření materiálu elektrickým obloukem. Odsavač se skládá z několika částí: železné konstrukce zabraňující poškození očí, odsávací trubice a vlastního zařízení, které teplo a nebezpečný plyn odsává z vnitřního prostoru konstrukce.

54 Šestého června. Statek neda-
55 leko vesnice Hadrava, na půl
56 cesty mezi česko-německým
57 pohraničím a Klatovy. Okolo
58 auta běhá pes a štěká.
Z domu vychází muž středního věku a volá na nás: „Nebojte se, nekouše." Jmenuje se Rayser. Na mou prosbu nic nenamítá, ale nevlastní fotoaparát. Stroje jsou v dřevěné kůlně několik metrů od domu, naskládány vedle sebe s vrstvou světle hnědého prachu; nedotčeny několik let. „Chci si v Nýrsku otevřít sběrné suroviny, proto ta bruska, štípačka a pila. Už jsem koupil i pozemek se starou halou, bývalý sklad," vykládá muž, povoláním policista. Půjčuji mu vlastní foťák. Snímky má rychle hotové.

Bruska je obráběcí stroj používaný k odběru malé až nepatrné

[6] E-mailová komunikace s Marií Potužníkovou, 27. května 2008.

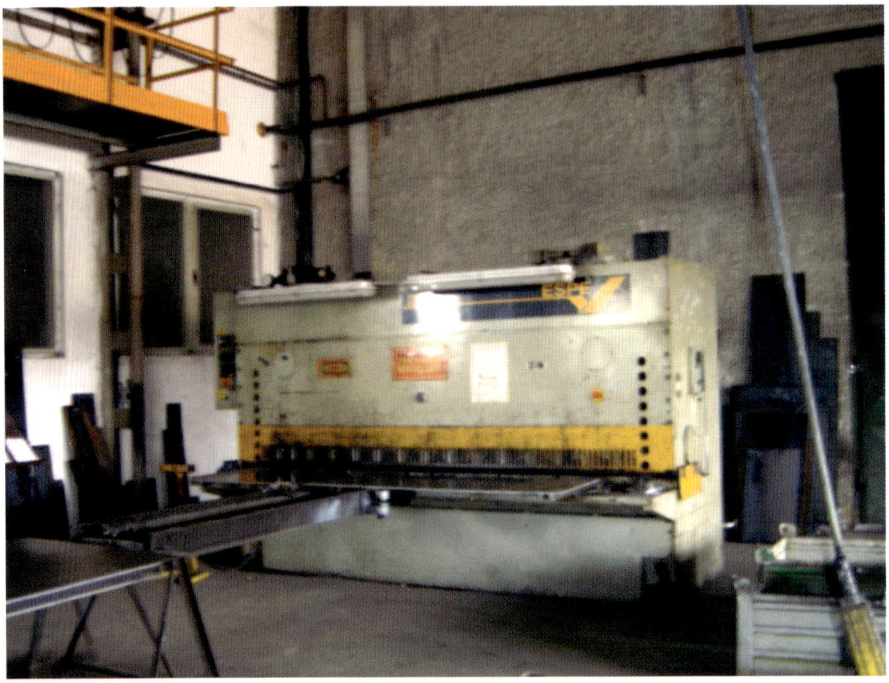

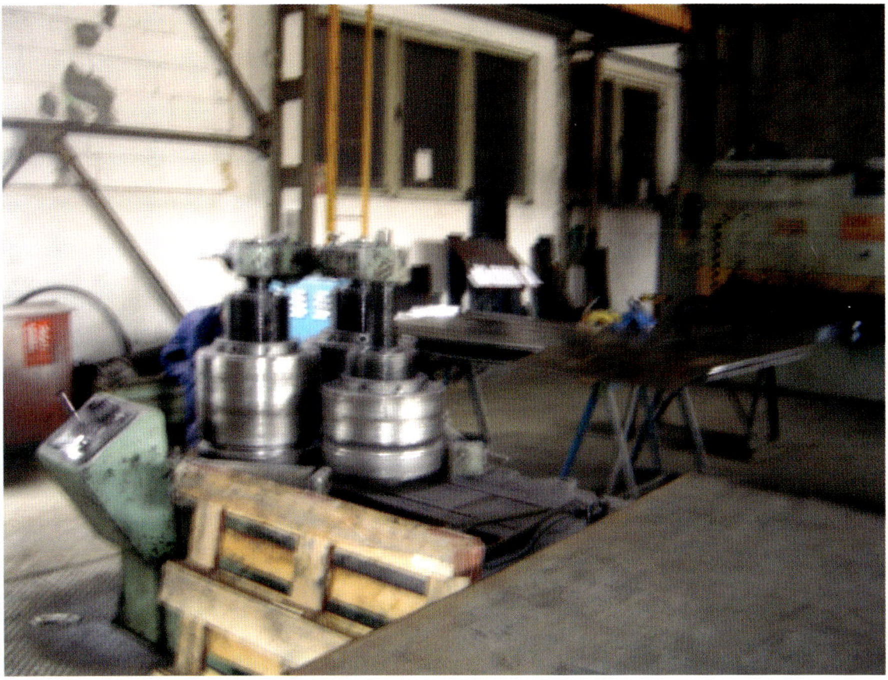

~~and milling machine~~, ~~horizontal boring and milling machine~~, ~~horizontal boring and milling machine~~, horizontal boring and milling machine, horizontal boring and milling machine, ~~milling machine~~, ~~milling machine~~, ~~milling machine~~, milling machine, milling machine, milling machine, milling machine, ~~drill~~, ~~drill~~, ~~drill~~, ~~drill~~, ~~drill~~, drill, drill, drill, drill, drill, drill, drill, drill, drill, drill, drill, drill, drill, ~~multifunctional tool grinding machine~~, ~~multifunctional tool grinding machine~~, ~~multifunctional tool grinding machine~~, multifunctional tool grinding machine, multifunctional tool grinding machine, multifunctional tool grinding machine, multifunctional tool grinding machine, multifunctional tool grinding machine, multifunctional tool grinding machine, multifunctional tool grinding machine, multifunctional tool grinding machine, multifunctional tool grinding machine, multifunctional tool grinding machine, multifunctional tool grinding machine, multifunctional tool grinding machine, planer, planer, sheet metal cutters, sheet metal cutters, sheet metal cutters, ~~press~~, press, press, press, press, metal saw, metal saw, metal saw, metal saw, metal saw, edging machine, ~~sheet metal roller~~, sheet metal roller, sheet metal roller, ~~sheet metal bending machine~~, sheet metal bending machine, air-blast machine, automatic welding machine, point welding machine, ~~flame cutting machine~~, forging press, drop hammer, hardening furnace, hardening furnace, woodworking machine, woodworking machine, woodworking machine, woodworking machine, woodworking machine.

April. Smíchov, Prague. I'm calling companies and individuals on the list that I received from accountant Jan Klíma, the administrator of the bankruptcy proceedings imposed on Škoda Klatovy. The list includes every entity from which the company received more than 50 000 Czech crowns in 2005 and 2006. Among them I find the four gentlemen that I visited in 2007: Boublík, Kadlec, Květoň, Krátký. Then there are three companies or firms that I'm not familiar with: Radíková, Stavbytel, Vilvet. I was only given names, no addresses or phone numbers. One person and two companies didn't actually purchase anything from Škoda Klatovy: Janča, Heberlain, VSB Mont. When I called the representative of Ferro Spech, he hung up on me. The company Mutmmannesmann purchased material, not machines: scrap metal for waste steel markets. The man on the other end of the telephone can't remember which machines the company purchased and then scrapped. "There was a lot of stuff. People lined up to buy them. For a few crowns they bought fairly decent machines. But we certainly bought a lot of scrap-iron. Oh yeah, and there were also those cranes with lifting capacity over ten tonnes. But I can't tell you the exact amounts of the different items, we don't keep records of that, we buy by the kilo." Another organization on the list is the Integrated Secondary School.

části materiálu a docílení určitého tvaru, například ke zvýšení ostrosti specifického nástroje, k finálním úpravám povrchu výrobku atd. Stroj se skládá z brusného válce zhotoveného z abrazivního materiálu a mechanismu, většinou elektrického, který válcem velmi rychle otáčí. K odběru materiálu dochází za vysokých teplot.

Řezná bruska je obráběcí stroj. Slouží k oddělení materiálu pomocí přímého řezu za použití velmi úzkého brusného válce zhotoveného z abrazivního materiálu a mechanismu, který jím otáčí. Díky vysoké teplotě, tvrdosti a nepravidelnosti povrchu válce dochází při dotyku s materiálem k jeho průniku.

Štípací kleště jsou konstruovány na základě efektu páky, k oddělování materiálu dochází za pomoci dvou čepelí, které k sobě těsně přiléhají. Slouží ke stříhání drátů, plechů a dalších kovových materiálů.

Přímočará strojní pila je obráběcí stroj určený k oddělování materiálů jako kov, dřevo či umělá hmota pomocí řezu. Nástrojem je kovový list s řadou pilových zubů. Při pohybu listu dopředu jednotlivé zuby oddělují od materiálu část hmoty (třísku), čímž se dociluje efektu řezu.

59 Červen, Praha. Proklikávám
60 webové stránky mexické firmy
Maquitos. V roce dva tisíce pět odkoupila tři obráběcí stroje ze Škody Klatovy. Pořizuji otisk obrazovky s dvěma typově podobnými stroji: soustruhem a vodorovnou vyvrtávačkou. Stroje jsou staré třicet nebo čtyřicet let, vypadají však jako nové. Jsou velmi dobře repasované. Vzpomínám si na rozhovor s kamarádem Martinem Kubíčkem. Vyprávěl jsem mu příběh o soustruhu, mé matce, otci a celé továrně. Smál se. Před osmi nebo devíti lety na dvouměsíční brigádě v pražské ČKD čistil karusel s pracovní deskou o průměru osmi metrů. Kontrolovalo je několik mužů z Íránu. „Určitě na něm vyrábí ty centrifugy na obohacení uranu," dodal.

Naše životy procházejí permanentní změnou. Příčinou je vnější svět; v permanentní změně nás nutí reagovat, adaptovat se na nové životní podmínky. Neměníme se naráz, podle velikosti a významnosti změn potřebujeme někdy i několik let. Záleží na naší pozornosti a vnímavosti, zda je postřehneme včas, abychom se dokázali připravit – a skutečně si je připustit. Přitom je to právě schopnost a rychlost přizpůsobení se, co předurčuje naše společenské postavení. Přes veškerou snahu být na možnou proměnu připraveni se stává, že tváří v tvář náhle změněnému světu selžeme a ocitneme se v pasti. Vydáni napospas nejistotě. Přičemž

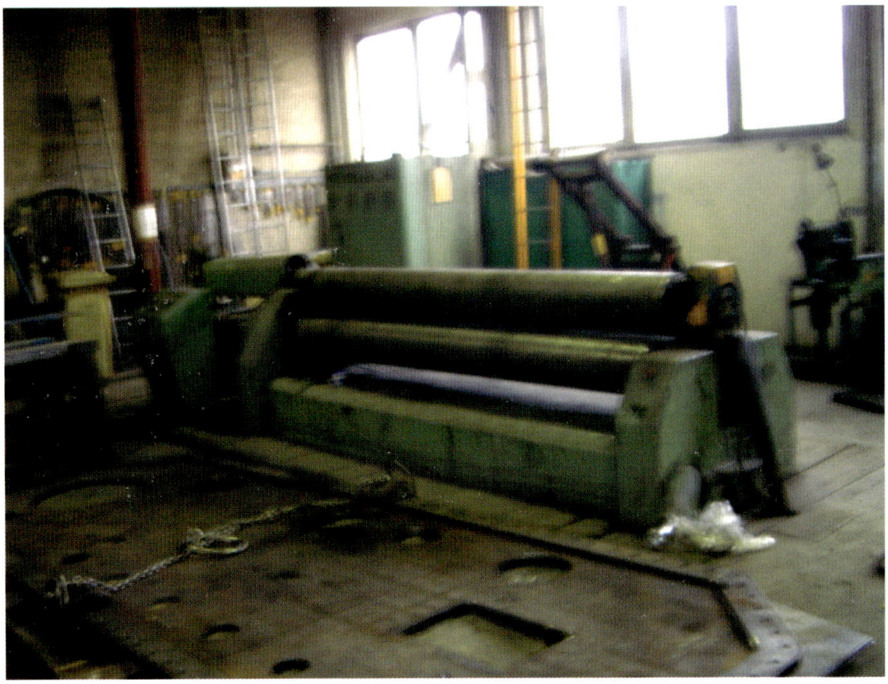

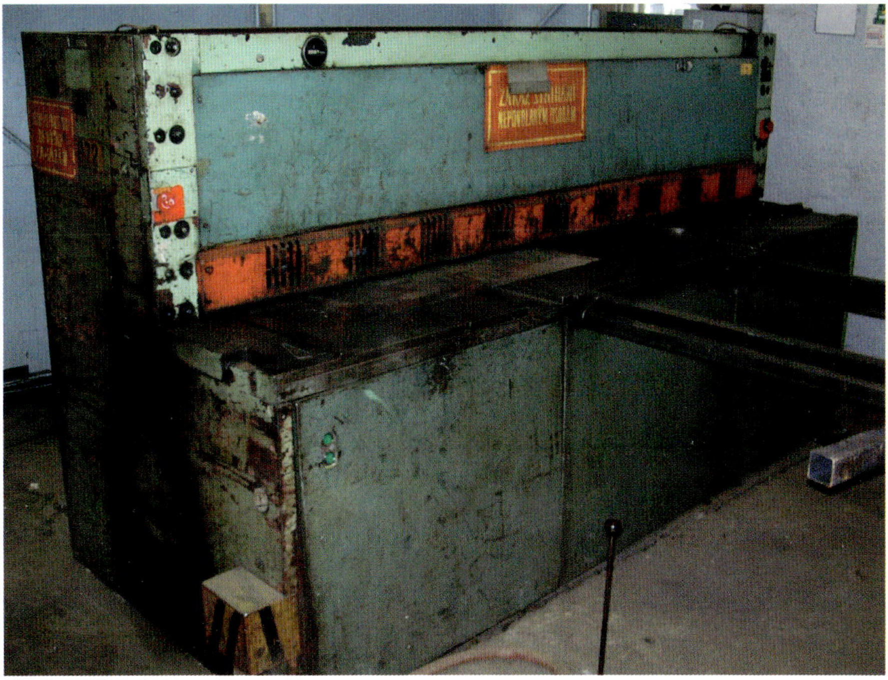

49

I got through to Marie Potužníková from the school's finance department. She promised to send me photographs of the machines that the school bought from the factory: "You're in luck, I took photos of everything just recently. The school is definitely leaving the Škoda site, it's going to be demolished." One final phone call, to KVG Finance. The company that arranged the sale of machines from Škoda Klatovy to Mexico. I found a mobile phone number on their website. The phone's ringing… a male voice picks up… I introduce myself and explain why… he interrupts me… he knows what I'm talking about… he's surprised… that I know of him… The conversation becomes heated… I argue that I obtained the information legally… Škoda Klatovy is still under administration… he becomes unsure and lets me talk for several minutes… but he stands his ground… the machines are none of my business… they're in Mexico and being used by local workers… He hung up.

51 [6] Please find attached the photographs I promised.
52 Because of their size I'm sending them in separate emails:
53 portable industrial welding fume extractor,
3 fixed fume extractors,
spherical lathe.
Potužníková

A portable welding fume extractor ensures that heat, toxic gases and particles generated during electric arc welding are removed. The extractor comprises several parts: an extraction pipe and the equipment that removes the heat and dangerous gases from the room. Wheels at the base of the machine allow it to be moved around.

A welding fume extractor ensures that heat, toxic gases and particles generated during electric arc welding are removed. The extractor consists of several parts: metal structure to prevent eye damage, an extraction pipe and equipment that removes the heat and dangerous gases from the room.

54 June the sixth. A farmstead near the village of Hadrava, half-
55 way between the Czech–German border and Klatovy. A dog is running
56 around the car barking. A middle-aged man comes out of the house
57 and calls to us: "Don't worry. He doesn't bite." The man's name
58 is Rayser. He has no objections to my request but doesn't have
a camera. The machines are in a wooden shed a few yards from the house; they're packed closely together and covered in a layer of brown dust–no one's touched them for several years. "I want to open a scrap yard in Nýrsko, hence the grinding machine, splitter and saw. I've already bought a piece of land with an old factory hall, a former warehouse," says the man who works as a policeman. I lend him my own camera. The pictures are done in no time.

---

[6] Email correspondence with Marie Potužníková, May 27, 2008.

naše možnosti, jak nově nastalou situaci zvládnout, jsou často mizivé. Občas se to stává a můžeme si za to většinou sami. Na to ale většinou přijdeme až za několik let, až když jsme schopni se nezaujatě ohlédnout a poučit se z minulých chyb; poté pochopíme, že část naší osobnosti o hrozícím nebezpečí věděla. Na otázku, proč nic nepodnikla, vám nabídne prostou odpověď: vnitřní obava z konfrontace. Ta nás dokáže paralizovat svými vedlejšími učinky: konflikty s nejbližšími nebo vyloučením se z pracovního procesu, proto se jí důsledně vyhýbáme.

V podobném rozpoložení jsem se nacházel, když jsem si četl Ecův text. Zafungoval jako rozbuška, kterou jsem tehdy mohl nalézt v čemkoli: v rozhovoru s kamarádem, v novinovém článku, v televizi, na internetu nebo v jiné knize. Záchranu jsem našel v matčině fotografii soustruhu. Objevil jsem v ní předmět, který mi pomáhal zmírnit vnitřní napětí. Mnohem později mi došlo, proč jsem si vybral právě fotografii. Jako médium má neskutečný dar: spojovat jedince v odlišných životních situacích a odbourávat naše společenské předsudky; skrze naši neschopnost pochopit, jak takový otisk reality – fotografie – vzniká. Nejsme toho schopni. Vlasně to ani nechceme. Stačí nám samotný výsledek. Sotva ho uvidíme, jsme fascinováni. Stáváme se tak součástí velkého společenského rituálu, který probíhá již několik desítek, ne-li stovek let a jenž má jediné a jasné pravidlo: dobrovolné účasti ve stavu permanentního oblouznění.

Stále mám v živé paměti, jak jsem stál s některým z majitelů strojů nad malým digitálním fotoaparátem s několikapalcovým displejem; na to, jak se nám postupně zjevovaly okamžiky reality, jež proběhla před několika sekundami – pouhým zmáčknutím nepatrného tlačítka s šipkou. Byli jsme fascinovaně přikováni k těm několika obrázkům; se zběžnou představou, jak k tomu zázraku došlo. Naprosto odzbrojeni, bez možnosti jakýmkoli způsobem srovnat tuto zkušenost s našimi zažitými stereotypy. V tomto okamžiku jsme si byli rovni: v naší nevědomosti. Bezbranní jako děti jsme se zkrátka kochali obrázky.Díky tomuto rituálu jsem získal to, co jsem chtěl, aniž bych si uvědomoval jeho existenci a jeho skrytá pravidla. Úlevu od vnitřního napětí jsem našel ve sdílení fotografií strojů ze Škody Klatovy. Aktivní účastí na jejich vzniku jsme se postupně stávali navzájem sdílnými. Skrze prolomené společenské bariéry jsem konečně zahlédl, jaký mají tito lidé ke svým předmětům vztah.

Úzká skupina majitelů si své stroje zakoupila ze sentimentu, přestože oni sami mi tvrdili něco jiného. Bylo to vidět na způsobu, jakým o nich mluvili. Je to patrné i na fotografiích samých. Jedná se především o Jana Boublíka a Jaroslava Stupku. (Svým způsobem zde mělo

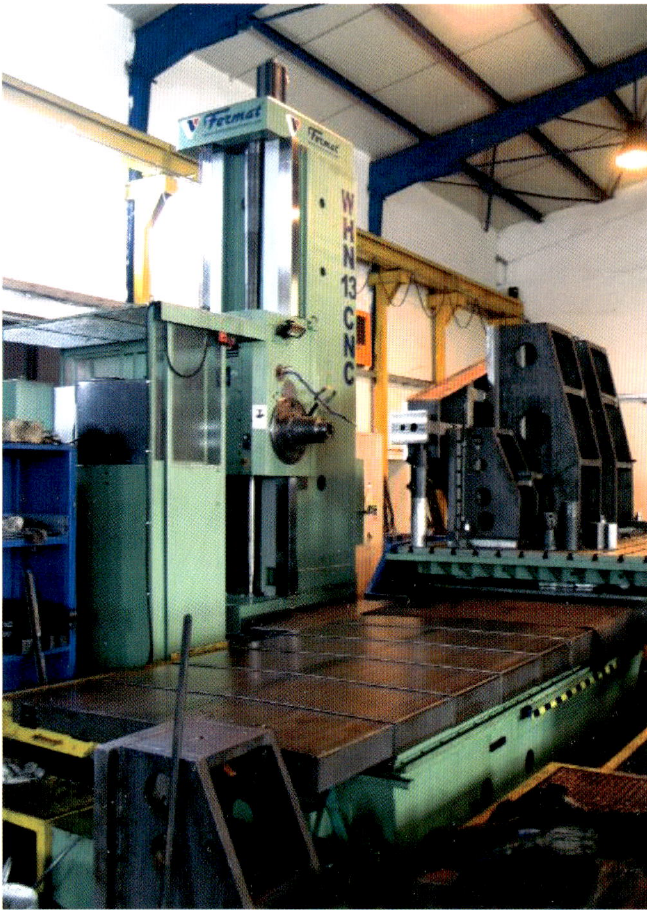
Fermat
Fermat
WHN 13 CNC

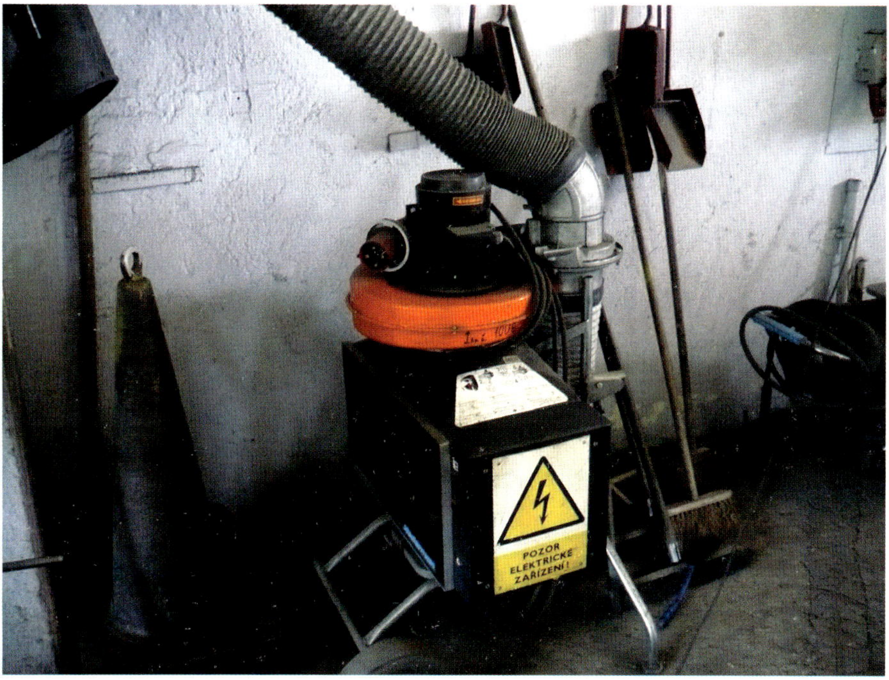

51

A grinding machine is a machine tool used to remove small to minute amounts of material from a workpiece with the aim of achieving a particular shape; for example to sharpen a specific tool, to achieve the final finish of a product, etc. The machine consists of a grinding wheel made of abrasive material and a power mechanism which turns the wheel; mostly it is electric. Material is removed at high temperatures.

A cutting grinder is a machine tool. It is used to separate material using a very thin grinding wheel made of abrasive material and a mechanism that makes it turn. Due to high temperatures and the hardness and irregularity of its surface, the wheel penetrates the material when it touches it.

Tin snips are constructed on the principle of a leverage system, material is removed with the action of two closely fitting blades. They're used to cut wire, sheet metal and other metal materials.

A bandsaw is a machine tool used to separate material such as metal, wood or plastic with the action of cutting. The tool is a metal blade with a serrated edge. When the blade moves forward part of the material (splinter or chip) is removed.

59 June, Prague. I'm clicking through the web pages of the Mexican
60 company Maquitos. In 2005 it purchased three machine tools from Škoda Klatovy. I make a screen shot of a section of the website with photographs of two similar machines, lathe and horizontal milling machine. The machines are 30 to 40 years old, but they look like new. They've been very well refitted. I remember a conversation I had with Martin Kubíček. I'd told him the story about the lathe, my mother, father and the whole factory. He'd laughed. Eight or nine years ago, he'd had the job of cleaning a vertical lathe with an eight meter diameter working platform in Prague's ČKD factory, where he'd been employed for two months during the summer holidays. They worked under the supervision of several men from Iran. "I'm sure they use it to make those centrifuges for enriching uranium," he added.

Our lives are continuously undergoing change. This is caused by the outside world—as it constantly changes, it forces us to react, to adapt to new life circumstances. We don't change all at once; sometimes we require years to do so, depending on the magnitude and significance of the changes. Whether we notice them in time to be able to prepare ourselves and acknowledge them fully depends on our ability to be attentive and to perceive them; and it is precisely our ability

být i jméno Oto Huřčák, jsem ale na rozpacích. Na jedné straně vlastní několik strojů z konce devatenáctého století a začátku dvacátého století. Na druhé straně nebyl schopen svůj stroj vyfotit; snímky jsou rozmazané. Nevím, co si o jeho vztahu k nim mám myslet.] Z rozhovorů s nimi vyšlo najevo, že stroje opravili, ale skoro nikdy nepoužili. Slouží jim jako estetický objekt s historickou a sběratelskou hodnotou. Jsou pro ně symbolem jejich životních příběhů, pomníkem vlastní minulosti. Zbytek vlastníků na strojích pracuje a nevnímá je jako předměty s vlastní hodnotou, jež by nějak překračovala jejich praktický účel. Jsou sestrojeny k opracování hmoty, určeny být prostředkem obživy. Ačkoli i jejich vztah ke strojům mohl přerůst do velmi osobního, nikdy by je nenapadlo si tento druh předmětu vyfotit. Pro ně jsou to nevzhledné objekty. S tím souhlasí způsob, jak své stroje zachytili na fotografiích. Většina majitelů mi své stroje vyfotila z pohledu, z kterého se na ně dívají při práci. Zkoušel jsem je motivovat k tomu, aby mi stroj nasnímali vícekrát, aniž jsem je přitom záměrně vybízel ke změně kompozice. Výsledek byl pokaždé stejný: záběr na pracovní část stroje. Vnímají totiž dané objekty výlučně na základě vztahu nástroj a operátor. Neboť tím, že by svým strojům přiznali estetickou kvalitu, ztratí pro ně idea akumulace výrobních prostředků smysl, čímž se vyřadí z procesu participace na jakémkoli ekonomickém systému. [Je zde sice možný jiný druh koncentrace předmětů: sběratelství, ale to je naprosto jiný druh vlastnictví, než jaký je tématem této knihy.] Tyto dvě rozdílné představy o strojích nelze spojit. Jdou proti sobě.

Při opakované snaze o interpretaci fotografií jsem si uvědomil, že část bývalých dělníků je stále navzájem propojena jistým vědomím sounáležitosti, společnou zkušeností z mnoholetého zaměstnání ve stejném podniku a také tím, že je pro ně obtížné, ba nemožné přizpůsobit se nové situaci. Rezignovali na ideje nabízené soudobými elitami. Otočili se vůči nim zády s vědomím toho, že je nedokážou naplnit. Pro členy této imaginární komunity je typických několik znaků: stáří [většině majitelů je mezi pětačtyřiceti a osmdesáti pěti lety], vědomí nepřináležitosti a neloajalita k systému demokratického kapitalismu [projevující se nechutí přispívat do něj ze svých zisků], a především negativní hodnocení postkomunistické éry.

Každá změna politického systému produkuje vítěze a poražené. Poraženými jsou v tomto případě kvalifikovaní dělníci, jimž komunistická ideologie minulého režimu přisoudila status imaginární elity. Během posledních dvaceti let však tito lidé přišli o iluzi výjimečnosti a jsou nuceni přizpůsobit se nově nastaveným politickým

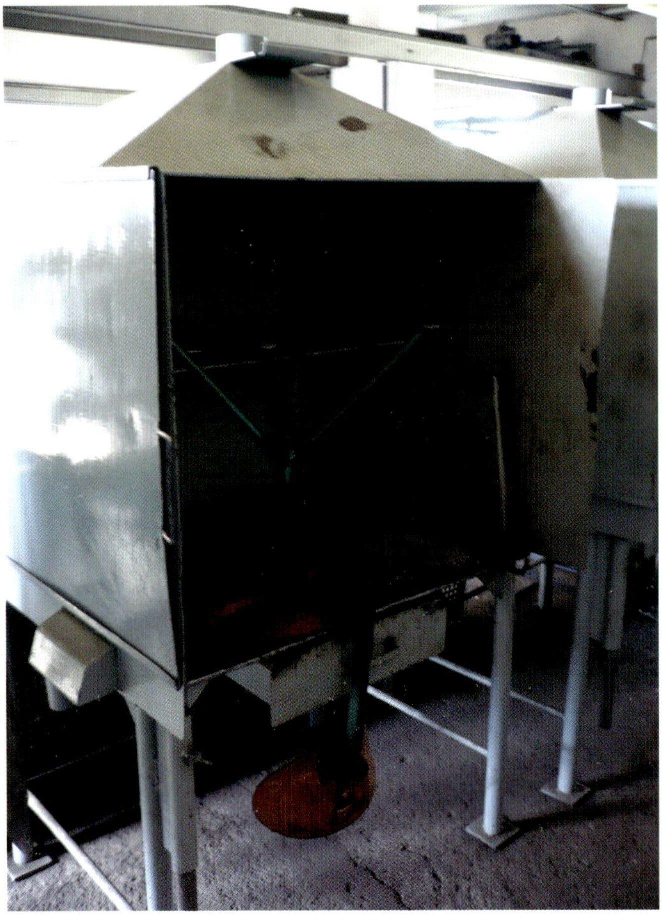

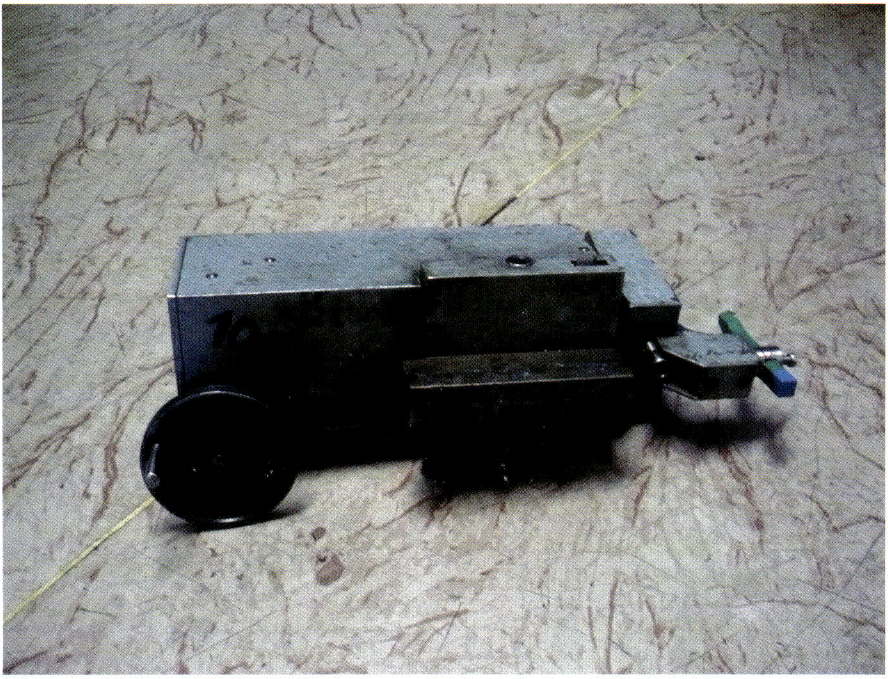

53

to adapt, and the speed at which we can do so, that predetermines our social standing. Despite all our efforts to be prepared for a potential transformation, it happens that in coming face-to-face with a suddenly transformed world, we fail and end up in a trap, at the mercy of uncertainty, and our potential to cope with the newly arisen situation is often negligible. It does happen sometimes, and most of the time it's our own fault. But mostly we only realize this several years later, when we can look back impartially and learn from past mistakes; then we understand that a part of our personality was aware of the impending danger. It will offer us a simple answer to the question why it didn't do anything about it: fear of confrontation, internal confrontation, to be more precise. It's capable of paralyzing us with its side effects: conflicts with those closest to us, or exclusion from the work process. That's why we avoid it time after time.

I was in a similar mood when I read Umberto Eco's text "Two Families of Objects". It worked like a detonator, which at that time I could have come across in anything: a conversation with a friend, a newspaper article, on the television, the internet, or in another book. I found deliverance in my mother's photograph of the turning lathe. In it, I discovered an object that helped to alleviate my internal tension. Much later I realized why I had selected photography. As a medium it has a fantastic quality: it can connect individuals living under different circumstances and break down social prejudice through our inability to grasp how such an imprint of reality—a photograph—comes to exist. We're not capable of doing so. In fact, we don't even want to. The result itself is enough for us. As soon as we see it, we're fascinated. We thus become part of a grand social ritual, which has been developing for several decades, if not hundreds of years, and which has a single clear rule: voluntary participation in a state of permanent stupefaction.

I still have vivid memories of standing next to some of the owners of the machines, looking at the two-inch monitor of a small digital camera; of how moments of reality gradually appeared to us one by one, merely through the action of pressing an insignificant button with an arrow; moments of reality that had occurred but a few seconds previously. Fascinated, we were transfixed by those pictures with just a vague idea of how this miracle had transpired. Absolutely disarmed without the possibility of comparing this experience with our established stereotypes. At that moment we were equal in our ignorance. Defenceless like children, we simply feasted our eyes on the images. Thanks to this ritual I was able to get what I wanted, without being aware of its existence and hidden rules. Thus I found relief from internal tension in sharing the photographs of the machines from Škoda Klatovy. By actively participating in their creation we gradually established a mutual communication. In breaking through social barriers,

a ekonomickým pravidlům, v nichž je jim však předdefinován naprosto odlišný společenský status – nahraditelnosti. Nikdo se o ně při velké privatizaci nestaral. Ztratili práci, a tím i své místo v novém světě.

Těch několik týdnů po boku svého otce jsem si užil. Setkal jsem se tak s lidmi, kteří mají podobný životní příběh. Ta setkání na mě zapůsobila, začal jsem se na situaci těch několika lidí dívat jinak, viděl jsem žitou realitu bývalých a i současných dělníků v mnohem širším kontextu – než jaký představuje vztah otce, syna a jejich problémů. Objevil jsem tak kouzlo dokumentu – a nezdráhal jsem se mu podlehnout. Začal jsem proto přemýšlet o možnosti pokračovat a nalézt zbývající stroje ze Škody Klatovy, dozvědět se, kam byly prodány, co se na nich vyrábí, jací jsou jejich současní majitelé.

Zpočátku jsem předpokládal, že nebude problém nalézt je všechny. Omyl. Hned při prvním pokusu jsem pochopil, že se střetávám se světem postaveným na osobních kontaktech a na etickém kodexu, který právníci a ekonomové nazývají „obchodním tajemstvím". Získal jsem sice několik desítek nových fotografií, ale poté definitivně narazil na zeď mlčení. Vše začalo být vážné. Začal jsem tušit, že zde něco nehraje. Přesněji, že se zde při zisku majetku nehrálo podle všeobecně uznávaných pravidel, ale mnohem pravděpodobněji podle pravidel upravených, známých úzké skupině lidí. Musel jsem se rozhodnout, co dál. Prohlížel jsem si nově získané snímky. Stále a stále. Porovnával jsem je s fotografiemi z první fáze projektu a snažil se najít nějaký všeobecný vztah, který by mi pomohl v jejich prezentaci. Znovu a znovu jsem si v hlavě přehrával, jak jsem který snímek získal, za jakých okolností. Rozdělil jsem si je do dvou skupin. U první jsem majitele kontaktoval telefonicky a většinu snímků získal elektronickou poštou. To se týká především firem Feramat a KV Steel. U druhé skupiny, kdy jsem získal kontakt na firmu, ale ta mi odmítla fotografie poskytnout, jsem provedl otisk obrazovky; tedy v případě, že firma měla webové stránky s dokumentací svého strojního vybavení. Což se týká pouze firem Steel Max a Maquitos.

Kvalita fotografií z firmy Feramat je mnohem nižší; stroje jsou foceny z několika úhlů. Jejich funkce je čistě informativní. Fotografie dokládají existenci stroje. Fungují jako důkazní materiál, který slouží buď k prodeji, nebo k evidenci stvrzující to, že továrna tímto typem zařízení disponuje. Můžeme se přesvědčit o rozměrech stroje, o jeho typovém zaměření, o jeho stáří a stavu. Fotografie vypovídají o záměru, který vedl ke zmáčknutí spouště: získat vizuální informaci, nic víc. V případě firmy KV Steel jsem se pokusil přimět zaměstnance, kte-

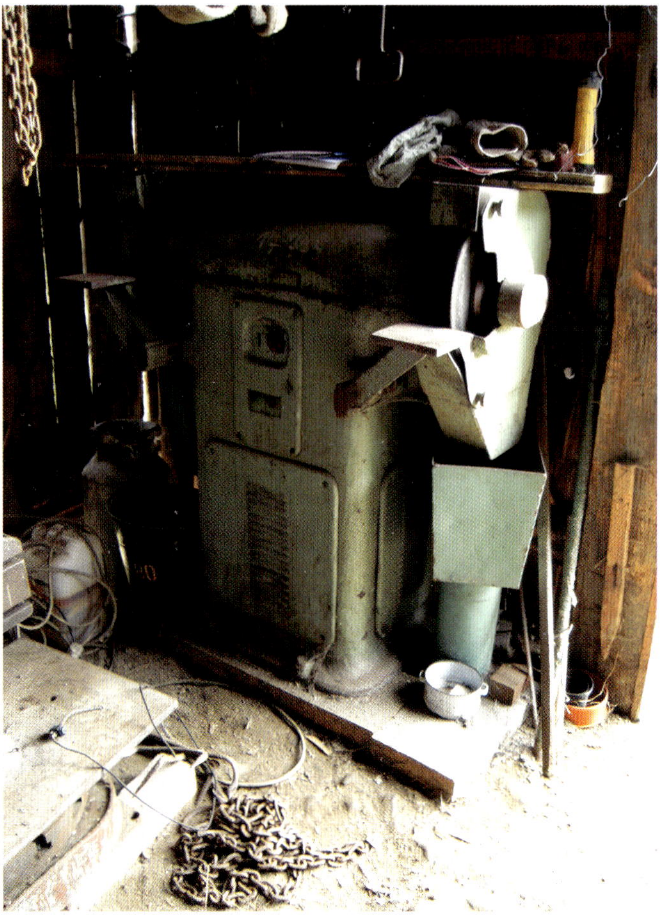

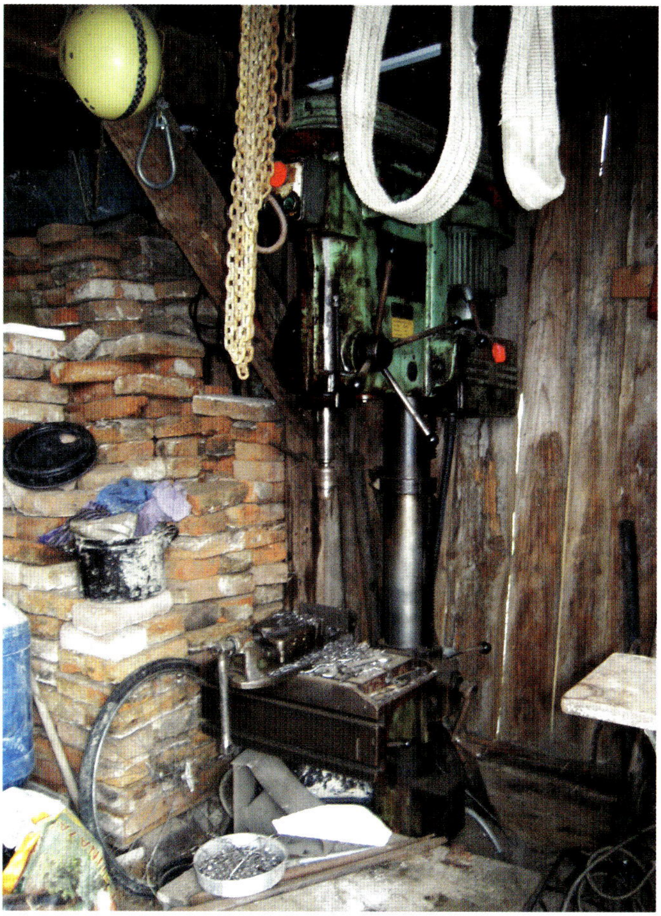

55

I was finally able to get a glimpse what kind of a relationship these people have with their objects.

A small group of owners had purchased their machines for sentimental reasons, even though they themselves claimed otherwise. One could tell by the way they talked about them. It's also apparent from the photographs themselves. In particular that concerns Jan Boublík and Jaroslav Stupka. (In certain respects, the name Oto Hurčák should also be mentioned here, but it's somewhat of a dilemma for me. On the one hand he owns several machines from the end of the 19th and the start of the 20th century. On the other hand, he was unable to take decent pictures of his machine, they were all blurred. I don't know what to think of his relationship to them.) From conversations with them it transpired that they had repaired their machines, but hardly ever used them. For them they serve as aesthetic objects with a historical and a collector's value. They are symbols of the stories of their lives, monuments to their own past. The other owners work on their machines and do not perceive them as objects with their own intrinsic value, which would somehow exceed their practical purpose. They were constructed to process material, designed to be a means of earning a living. Although even their relationship with the machines could grow into something very personal, it would never occur to them to take a picture of that kind of object. For them they are unsightly objects. The way they captured their machines on photographs corresponds to this. Most of the owners took pictures of their machines from the viewpoint they have of them while working. I tried to motivate them to take several pictures of their machines, without deliberately stimulating them to change the composition. The result was the same every time: a view of the part of the machine facing the machinist at work. That's because they perceive the given objects purely on the basis of the relationship between machine and operator. For if they were to admit that their machines had an aesthetic quality, the idea of the accumulation of means of production would lose sense for them, and that would exclude them from the process of participating in any kind of economic system. Although there is also another kind of accumulation of objects: collecting. But that's a completely different kind of ownership than that which is the theme of this book. These two different ideas about machines cannot be brought together. They are contradictory.

In making repeated efforts to interpret these photographs, I realized that some of the former workers were still mutually interconnected by a certain awareness of solidarity, the shared experience of many years of working in the same company, as well as the fact that it's difficult, if not impossible, for them to adapt to the new situation. They had renounced the ideas offered by contemporary elites. They had turned their backs on them with the knowledge that they could

rý fotografie pořídil, k jejich přefocení. Z důvodu jejich nízké kvality. Neuspěl jsem, kvalita byla navlas stejná.

Něco jiného je to s fotografiemi z druhé skupiny. Zde jsem začal chápat, že pro lidi z vedení středních a velkých firem je fotografie ve své surové podobě neutrální médium, které je potřeba ovládnout. Surovou podobou mám na mysli neupravenou fotografii. Ta je vůči nárokům těchto lidí svou podstatou lhostejná. Oni ale vyžadují atraktivní a profesionální vzhled. Ve své nahodilosti může surová fotografie bezděčně odkrýt ty části strojů, které měly zůstat zahaleny, a podat tak svědectví o jejich nadměrném stáří či nevhodné údržbě, nebo se stane, že v důsledku špatně vybrané kompozice divák při sebevětší snaze nerozezná vyfotografovaný objekt. Je zde však několik způsobů, jak lze takové nedostatky napravit – lepším fotoaparátem, kvalitním softwarem nebo šikovným fotografem. To je případ fotografií strojů z těchto firem. Je na nich zřetelná manipulace s obrazem: zvýšení kontrastu, práce s jasem. Jsou to sice malé úpravy, ale dokládají nám, že majitelé chtějí prezentovat své stroje v přitažlivější podobě, ať už ve snaze získat zakázku nebo stroje dobře prodat. Toto je odpověď na – dříve pro mě nepochopitelnou – neochotu vlastníků strojů sdílet jejich fotografie. Zde již neexistuje možnost navázat osobní kontakt skrze společenský rituál výměny fotografií, jenž usnadní odbourání vzájemných předsudků. Zde je odraz reality vnímán pouze jako příležitost k zisku.

Původně jsem chtěl vydat ryze fotografickou publikaci. Nicméně jak jsem se začínal postupně dozvídat o pravých důvodech zániku továrny, rozhodl jsem se změnit koncepci knihy a přiklonit se k formě autobiografického textu. Ty informace mě vytrhly z letargie a narušily iluzi, že vnější svět je nekonečným polem ke sdílení příběhů a obrazů. Postupným sepisováním všech vzpomínek a výpovědí jsem si uvědomil,jak důležitý pro mě byl zážitek z četby četby Ecova textu, přesněji z těch několika vět citovaných na začátku knihy: „Ve skutečnosti si návštěvník nevybral. Jelikož nemůže být vlastníkem výrobních prostředků, přijal jen úlohu konzumenta spotřebních předmětů. Je ale spokojen. Zítra bude víc pracovat, aby si jednoho dne mohl koupit lenošku a ledničku. Bude pracovat u soustruhu, který mu nepatří, protože (jak mu napověděl veletrh) jej ani nechce.“ Právě nesouhlas s touto částí – nebo lépe, s jejím vyzněním – mě provokoval nejvíc. Vlastně jsem se celé tři roky pokoušel vyvrátit – sám sobě – autorův názor, že nejsme schopni vymanit se z každodenní spotřebitelské letargie pokusem o přivlastnění si výrobních prostředků. Právě fakt, že několik zaměstnanců továrny si koupilo výrobní prostředky, mě o tom přesvědčil. Odvodil jsem z toho

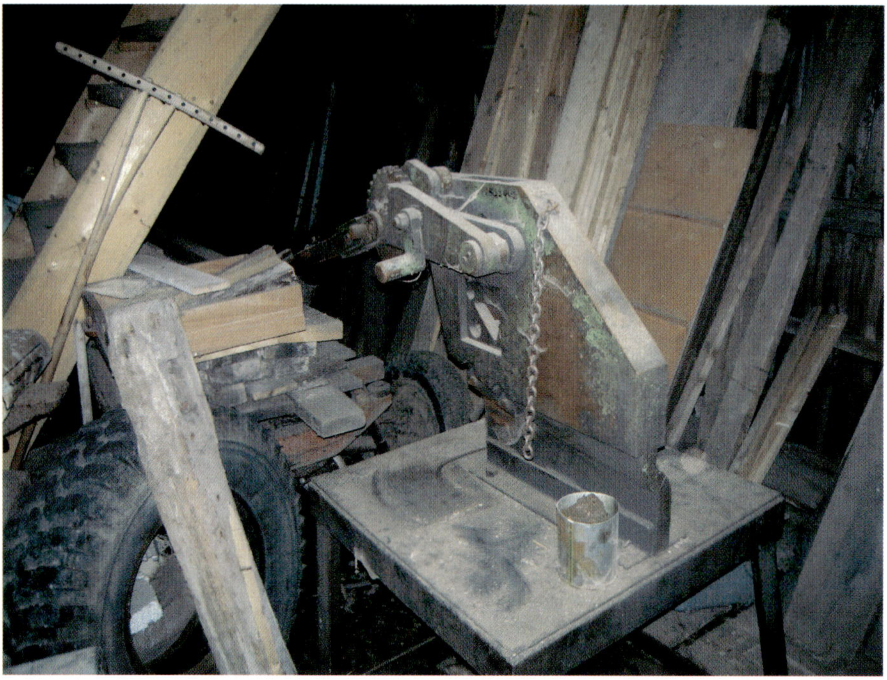

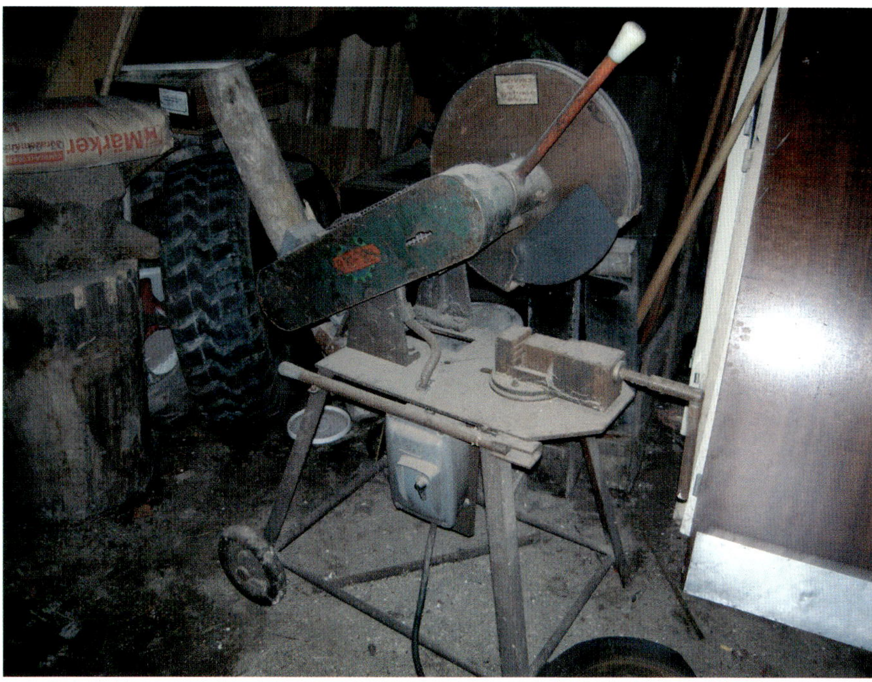

57

not fulfill them. Members of this imaginary community share several hallmarks: age (most owners are between 45 and 85 years old), the awareness of not belonging in the system of democratic capitalism and a lack of loyalty to it (manifested by an aversion to contributing to it from their own profits), and, in particular, a negative appraisal of the post-communist era.

Every change of political system produces winners and losers. In this case the losers are highly qualified workers, on whom the ideology of the former regime had bestowed the status of an imaginary elite. During the last 20 years, however, these people have lost the illusion of being exceptional and have been forced to adapt to the newly established political and economic rules, within which, however, there is a diametrically different social status predefined for them—that of being replaceable. No one looked after them during the major privatization. They lost their jobs, and with them their place in the new world.

I enjoyed those several weeks that I had spent side by side with my father. I got to meet people with similar life stories. The meetings made an impression on me, I began to see the situation of those people in a different way—I saw the lived reality of the former and current workers in a much broader context than that of the relationship between father and son, and their problems. I thus discovered the magic of documentary work—and I did not try to resist succumbing to it. For that reason I began considering the possibility of continuing to search for the remaining machines from Škoda Klatovy to find out where they were sold, what's being made on them, what their current owners are like.

Initially I assumed it would not be a problem to find them all. I was wrong. Right from the first contact I realized that I was colliding with a world based on personal connections and an ethical code that lawyers and economists call "business confidentiality." I acquired several dozen photographs and then hit an impenetrable wall of silence. It all started getting rather serious. I began to suspect that something wasn't right. Or rather, that in the pursuit of profit the generally accepted rules were not being observed; that the rules of the game had probably been altered, and were known only to a small group of people. I had to decide what to do next. I examined the photographs I had acquired so far. I compared them with the photographs from the first phase of the project and tried to find some general relation that could help me with their presentation. Again and again, I replayed in my head how I'd gotten hold of each picture, under what circumstances. I divided them into two groups. I had gotten in touch with the owners from the first group by telephone and had received most of the pictures from them by email. That primarily concerns the companies Feramat and KV Steel. The second group consists of companies that I'd been able to

následující: tento fakt je nám znám, což se nejzřetelněji projevuje v dobách ekonomických změn. Tehdy se ukazuje schopnost každého jedince přizpůsobit se okolnostem a na změně společenské situace vydělat. Využít znalost akumulace ve svůj prospěch. Historie posledních let továrny je toho důkazem.

Jak se však postavit k těm informacím, jako jsou drobné krádeže bývalých zaměstnanců nebo spekulace s pozemky pod výrobními halami? Vím o nich necelý rok a stále jsem bezradný. Stejně tak jsem nevěděl, co si mám se snímky – které jsem tak náročně a zdlouhavě získal – počít. Snažil jsem se je prohlížet a analyzovat, ale nevydržel jsem se na ně dlouho dívat. Věděl jsem, že jsou přesným odrazem skutečnosti, že mají neuvěřitelnou sílu, ale pořád pro mě byly pouhým útržkem, výsekem z minulosti. Narazil jsem na to, co je na fotografii nejsilnější – schopnost čistého zobrazení, být pouhým a přitom jedinečným technickým odrazem naší žité reality. Potřeboval jsem snímky zatáhnout do mého světa, polidštit je. Jediný možný způsob, jak toto uskutečnit, jsem nalezl v souhře textu a fotografie. Hledáním co nejpřesnějších výpovědí; pečlivým výběrem slov, jejich následným spojením do vět a souvětí…

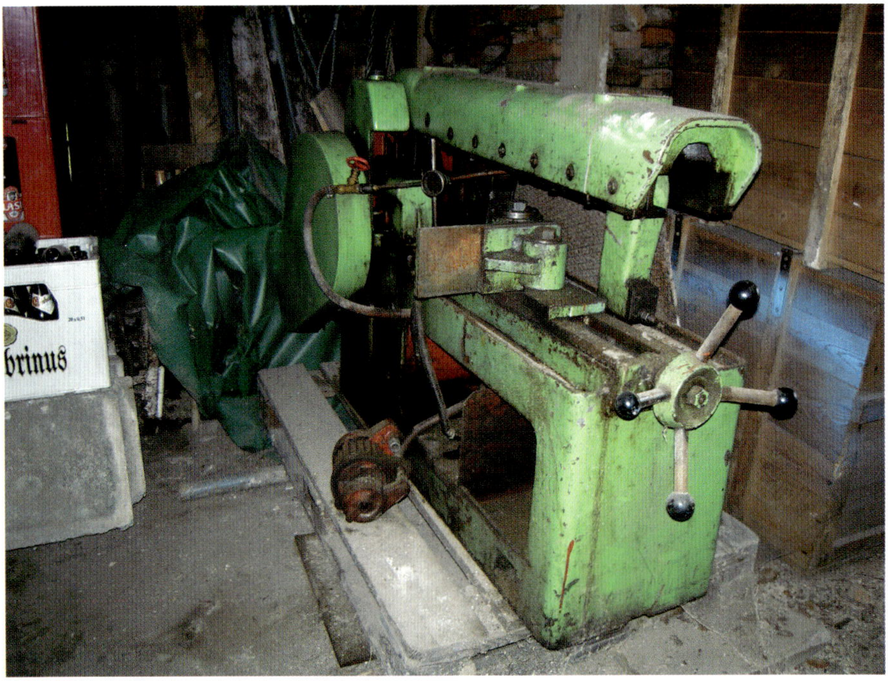
brinus

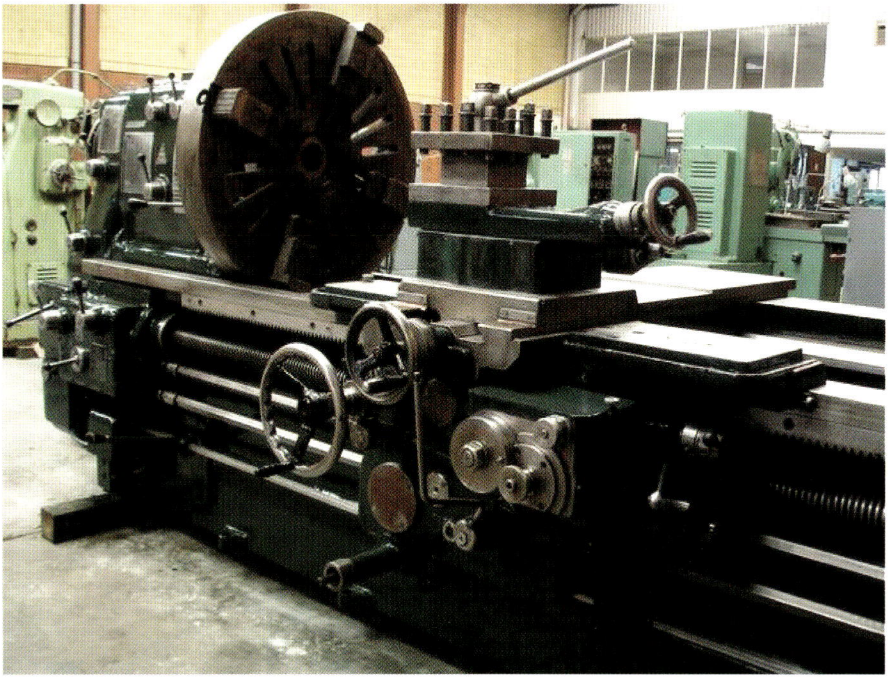

59

contact, but weren't willing to provide me with photographs; in these cases, I made screen shots of the monitor, provided, of course, that the company had a website with a picture catalogue of their machine stock. That only applies to the companies Steel May and Maquitos.

The quality of the pictures from Feramat is much lower and the machines are photographed from several angles. Their function is purely informative. The photographs document the existence of the machines. They function as proof, either for the purpose of marketing, or as evidence confirming that the factory actually offers that kind of equipment. They allow us to check the dimensions of the machine, its type and function, age and condition. The photographs indicate the reason why the shutter release had been pressed: to acquire visual information, nothing more. In the case of KV Steel, I tried to induce the employee who had taken the original pictures to retake them, because of their poor quality. I was unsuccessful, the quality remained exactly the same.

The photographs from the second group are another matter. Here I began to understand that for people from the management of middle-sized to large enterprises, photography in its unrefined form is a neutral medium which must be subjugated. By unrefined reform I mean a photograph that has not been manipulated. In its essence it is indifferent to the demands of these people. They require an attractive and professional appearance. In its randomness it could unwittingly expose those parts of the machines that should remain concealed, and thus provide testimony of their excessive age or inappropriate maintenance; it could also happen that–as a result of bad picture composition–the viewers, despite all their efforts, are unable to recognize the photographed object. But there are several ways that such deficiencies may be corrected—a better camera, high quality software or a skilful photographer. That's the case with the photographs of machines from these companies. The images have clearly been manipulated; the contrast has been increased, the brightness enhanced. Although these are minor adjustments, they demonstrate that the owners wish to present their machines in a more attractive way, either to make it more likely for the company to get orders, or to make them more sellable. This is the reason–initially incomprehensible to me—for the owners' unwillingness to share their photographs. In these cases, it's no longer possible to establish personal contacts through the ritual of exchanging photographs which makes it easier to break down mutual prejudice. Here the reflection of reality is perceived merely as an opportunity to gain profit.

Originally I wanted to produce a photographic publication. But as I gradually began to learn about the real reasons behind the demise of the factory, I decided to change the concept of the book, leaning in-

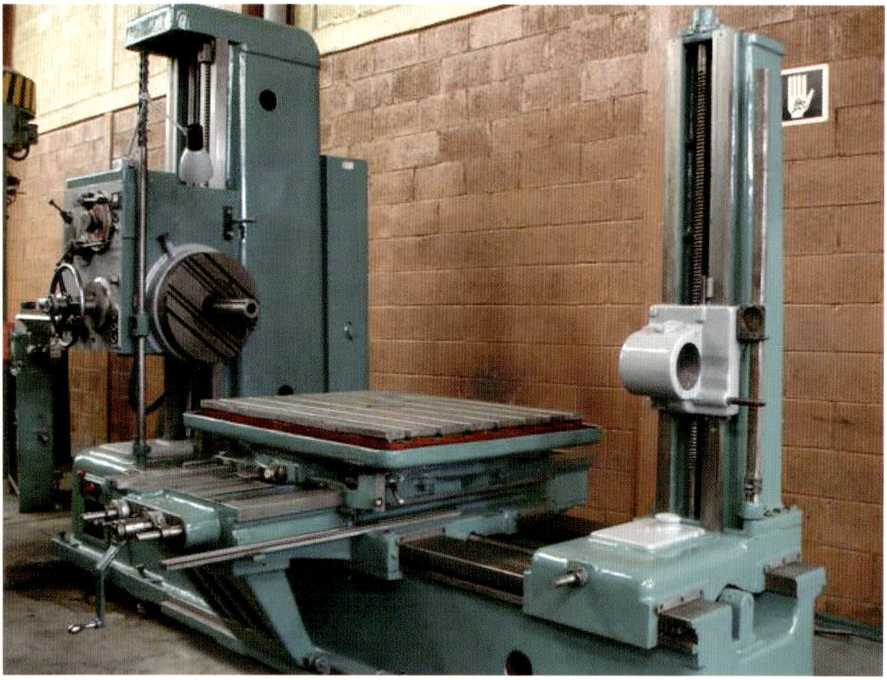

stead towards the form of an autobiographical text. This information shook me out of lethargy and disrupted the illusion that the outside world is a limitless expanse for the sharing of stories and images.

As I continued to write down all my recollections and the testimonials I had heard, I realized how important my experience from reading "Two Families of Objects" had been, or, to be more precise, those first few sentences quoted at the beginning of the book: "In reality, the visitor has not chosen; he has only accepted his role as consumer of consumer goods since he cannot be a proprietor of means of production. But he is content. Tomorrow he will work harder in order to be able to buy, one day, an easy chair and a refrigerator. He will work at the lathe, which is not his, because he doesn't want it." It was precisely my disagreement with this part of the essay—or rather with its conclusion—that provoked me most. In fact, for three years I tried to refute—for myself—the author's view that we're incapable of extricating ourselves from everyday consumer lethargy by attempting to appropriate the means of production. Precisely the fact that several employees of the factory had purchased the means of production convinced me. I derived the following from it: we are aware of this fact, which is most clearly manifested in times of economic transformation. That's when the ability of each individual to adapt to new circumstances and profit from a changing social situation becomes apparent, their revealing ability to use the knowledge of accumulation for their own benefit. The history of the last few years of the factory is proof of this.

For a long time, I agonized over how to process the information about the end of the factory. By this I mean information about cases of minor theft by former employees and profiteering with plots of land. Suddenly I didn't know what to do with the pictures that I had spent so much effort and time acquiring. They were not so important to me. I tried to examine and analyze them, but I wasn't able to look at them for any length of time. I knew that they were a precise reflection of reality—that they have an extraordinary power—but they remained no more than a mere scrap, a fragment, of the past. I came up against the most powerful aspect of photographs—that although they are unique, they are merely a technical record of our experienced reality. I needed to bring the pictures into my own world, to make them more human. I found the only way to do that was to in the interplay of text and photography, in the quest for testimonies that would be as precise as possible and in a careful choice of words, subsequently strung together to make sentences and paragraphs…